软件技术基础实验教程

主　编　张　涛

编　者　张　涛　马春燕　郑　炜

　　　　杨　帆　王海鹏　成　静

西北工业大学出版社

【内容简介】 本书围绕软件系统开发全过程，针对软件项目计划与管理、软件需求分析、软件分析与设计、软件编码和软件测试等主要开发活动，设计大型综合性创新实验内容。实验内容则包含基础理论、实验工具、实验要求和实验案例。

本书主要用于软件工程专业硕士研究生和高年级本科生的实验教学教材，并可作为计算机科学与技术等相关专业的教学参考书，或作为从事软件开发、软件项目管理等工作人员的参考书、培训教材等。

图书在版编目(CIP)数据

软件技术基础实验教程/张涛主编．—西安：西北工业大学出版社，2014.12
ISBN 978-7-5612-4196-7

Ⅰ.①软… Ⅱ.①张… Ⅲ.①软件—技术—教材 Ⅳ.①TP31

中国版本图书馆 CIP 数据核字(2014)第 272881 号

出版发行：西北工业大学出版社
通信地址：西安市友谊西路 127 号　　邮编：710072
电　　话：(029)88493844　88491757
网　　址：www.nwpup.com
印 刷 者：兴平市博闻印务有限公司
开　　本：787 mm×1 092 mm　1/16
印　　张：8.625
字　　数：204 千字
版　　次：2015 年 1 月第 1 版　2015 年 1 月第 1 次印刷
定　　价：25.00 元

前　　言

软件开发实验教学是系统掌握软件开发技术，熟悉软件开发过程的重要途径。本书旨在系统地训练学生深入理解软件开发技术，培养其工程素养、实践能力和创新能力。

本书围绕软件项目计划与管理、软件需求分析、软件分析与设计、软件编码和软件测试等主要软件开发技术实践活动，组织和设计实验内容。全书分为6章，第1章主要围绕软件可行性研究、项目管理和配置管理设计实验内容；第2章系统介绍软件需求分析理论和软件需求建模工具设计实验内容；第3章基于结构化软件开发方法，设计软件概要设计、数据库设计和详细设计实验；第4章基于面向对象分析方法，设计面向对象分析和设计实验；第5章设计了软件编程实验；第6章围绕软件测试全过程，设计软件测试实验。

全书将软件开发技术、软件开发过程和软件开发工具融入实验内容中，注重实验内容的系统性、完备性和实用性。本书由张涛主编，具体编写分工如下：第1章由杨帆、成静编写，第2～4章由张涛编写，第5章由马春燕编写，第6章由郑炜、王海鹏编写。全书由张涛统稿。

在本书编写过程中，参阅了相关文献资料，在此，谨向各位文献的作者表示衷心的感谢。

由于水平所限，书中不妥之处，恳请各位专家同行和读者批评指正。

编　者

2014年1月

目　　录

第 1 章　软件项目计划与管理

1.1　可行性研究

软件项目被划分为一系列的项目阶段，项目生命周期定义了每个阶段需要进行的工作、产出可交付的成果、何时产出和各个阶段所需的人员。软件生命周期的第一阶段是计划阶段，可行性研究是计划阶段的重要组成部分。可行性研究的目的不是解决问题，而是确定问题是否值得解决。通过本节的学习，明确可行性研究的目的，熟悉可行性分析的方法、步骤以及基本工具的使用。

1.1.1　问题定义

问题定义就是描述问题，如果不知道问题是什么就试图解决这个问题，显然是盲目的，只会白白浪费时间和金钱，最终得出的结果很可能是毫无意义的。因此，确切地定义问题是十分必要的，是整个软件工程的第一个步骤。问题定义阶段要说明软件项目的基本情况并形成问题定义报告。在这个阶段，开发者与用户一起，讨论待开发软件项目的类型(应用软件还是系统软件、通用软件还是专用软件)、待开发软件项目的目标(软件要达到什么样的使用功能)、待开发软件项目的大致规模以及由谁来开发该软件项目等问题，然后以简洁、明确的语言将上述内容写进问题定义报告，并由双方对报告签字认可。

问题定义阶段并不讨论软件项目细节，并且持续时间一般很短，形成报告文本也比较简单。

问题定义报告的主要内容如下。

(1)待开发项目名称；

(2)软件项目使用单位或部门；

(3)软件项目开发单位；

(4)软件项目用途和目标；

(5)软件项目类型、规模；

(6)软件项目开发的开始时间以及大致交付使用的时间；

(7)软件项目开发可能投入的经费；

(8)软件项目使用单位与开发单位双方名称全称及其盖章；

(9)软件项目使用单位与开发单位双方的负责人签字；

(10)问题定义报告的形成时间。

可行性研究是在明确了问题定义的基础上，对软件项目从技术、经济等各方面进行研究与分析，得出项目是否具有可行性结论的过程。

1.1.2 可行性研究的任务

可行性研究解决的关键性问题是分析系统实现的可行性，主要目的是用极少的代价在最短时间内分析所开发的软件能否开发成功。这是因为任何一个软件系统都可能受时间和资源的限制，所以在开发项目签约前必须根据用户的各种条件和开发者的实际情况进行可行性分析，避免浪费大量的人力、物力、财力以及时间。

可行性研究是对待开发软件的系统分析和系统设计的高度抽象，并进行客观分析的过程。可行性研究的基础和出发点是问题定义阶段的结果，可行性研究的结果是可行性报告。可行性研究通常经历四个阶段：确认、分析、结论以及书写文档。

1. 确认

确认阶段是对问题定义的结果进一步完善、认定的过程。对问题定义阶段初步确定的软件系统的性质、规模和目标的正确性加以分析并确认；导出一个试探性的解；对定义错误或含糊不清的地方加以修正；对不完整或者遗漏的地方加以补充。

2. 分析

分析阶段是对原有系统以及待开发系统的特征、性能的描述与比较的过程。通过新、旧系统逻辑模型的分析与对比，提出可供选择的系统方案，同时要对推荐的方案进行评价分析。对推荐方案的可行性分析主要考虑四个因素：经济、技术、操作和社会环境。

3. 结论

结论阶段要做出如下结论——是否继续这项工程。如果继续，则推荐一种最好的实施方案。

4. 书写文档

将上述可行性研究的各个步骤的成果书写成文档，提供给用户或使用的部门，作为项目审查和决策的依据。

1.1.3 可行性研究的步骤

可行性研究按照确认、分析、结论、书写文档 4 个阶段进行，这 4 个阶段通常细分为 8 个步骤：

1. 复查问题定义文档

问题定义文档是待开发软件项目的概括性说明，分析员应该仔细阅读有关材料，访问用户或使用部门的关键人员，进一步了解分析软件项目的性质、规模、目标，将正确定义的内容加以确认，找出定义中的偏差以及含糊不清的叙述加以修正，对系统规模和目标的约束条件和制约做出肯定而清晰的描述。总之，复查的目的就是要确认正确有效的定义，修正和完善不准确的定义。

2. 研究目前正在使用的系统

对目前正在使用的系统的功能的了解应该限制在一个范围内，即只需要了解现有系统能做什么，为什么要这么做，有哪些不完美而要改善的地方。而不要深入系统功能的内部对其原理和实现细节进行剖析，因为现有系统功能的内部不是当前阶段分析的内容。此外，对目前正在使用的系统的功能分析，还要考虑它与外界的联系，特别是与其他软件系统以及其他业务处理系统的接口，这是开发新系统时所必须考虑的约束条件。

一个新系统的建设投入运行，往往可以为使用者增加收入或者减少费用，经济效益应该比旧系统高。分析目前正在使用的系统的运行成本，可以帮助理解它的不完美，也可以为新系统投入运行后的效益分析提供经济方面的参考依据。系统运行的经济效益往往是投资建设新系统的重要驱动力量。

对目前正在使用的系统的研究首先要阅读系统的相关文档，向使用者了解操作与管理现状，在理解和了解系统的情况下，画出系统的高层流程图或者业务流程图，并请相关人员审核，以检验分析员对目前正在使用的系统的认识是否正确，实现对原系统客观、准确的描述。

3. 导出新系统的高层逻辑模型

通过对原有系统进行描述，得到的结果是构造新系统的一个参照物，此时新系统并未建立，那么，新系统应该是什么样子？分析并导出新系统的高层逻辑模型的过程就是对这个问题的回答。分析人员要根据问题定义时对新系统的规模、目标等要求，对比原有系统，结合用户业务处理的具体情况，分析数据在系统中流动和处理的过程，用数据流程图和数据字典描述新系统的逻辑模型。

4. 重新定义问题

新系统的逻辑模型实质上表达了系统分析员对新系统必须做什么的看法。得到新系统的高层逻辑模型之后，可能会发现前面问题定义的范畴过大，系统分析员要和用户一起再次复查问题定义，对问题进行重新定义和修正。

由此可见，可行性研究的前4个步骤实质上构成一个循环。系统分析员定义问题，分析问题，导出一个试探性的解，继续这个循环过程，直到提出的逻辑模型完全符合系统目标。

5. 导出和评价可供选择的方案

新系统的逻辑模型是对新系统的高度概括，它并不表达系统的具体操作和系统的物理实现。分析员应该从它的系统逻辑模型出发，推导出若干个抽象的可行的物理解法，供用户比较和选择。分析员提供的物理模型，都必须对模型实现的各个条件做出具体分析，分析的内容包括经济可行性、技术可行性、操作可行性以及社会环境可行性。

(1)评估经济可行性。经济可行性分析主要包括“成本—收益”分析和“短期—长远利益”分析。

成本—收益分析：成本—收益分析最容易理解，如果成本高于收益则表明亏损了。软件的成本不是指存放软件的那张光盘的成本，而是指开发成本。要考虑的成本主要有以下几点。

1)办公室房租；

2)办公用品，如桌、椅、书柜、照明电器、空调、电话机等；

3)硬件设备，如计算机、打印机、网络等；

4)通信费用，如电话、传真等通信费用；

5)办公消耗，如水电费、打印复印费、资料费等；

6)市场交际费用；

7)软件开发人员与行政人员的工资，公司人员培训费用；

8)购买系统软件的费用，如购买操作系统、数据库软件、软件开发工具等的费用；

9)做产品宣传和市场调查的费用，如果用 Internet 做宣传，则要考虑网站运行费用；

10)公司的各项管理费用，如员工“五险”“一金”、国地税、残保金等，可能会有很大的开销。

短期—长远利益分析：短期利益容易把握，风险较低。长远利益难以把握，风险较大。这方面最典型的例子是瀛海威公司，它在 Internet 领域是先驱者，当初的投入不菲，但是最终没有坚持下来。很多情况下，公司需要在一段时间内拼财力、比耐性，看谁最后能够存活下来，最后坚持下来的几个公司将瓜分市场。

(2)评估技术可行性。技术可行性分析可以简单地表述为：做得了吗？做得好吗？做得快吗？技术可行性至少需要考虑以下几方面因素。

1)用什么技术能够保证在给定的时间内使软件实现需求说明中的功能。如果在项目过程中遇到难以克服的技术问题，轻则拖延进度，重则断送项目。

2)用什么技术保障软件的质量。有些应用对实时性要求很高，有些高风险的应用对软件的正确性与精确性要求极高。例如，民航领域应用的飞行器碰撞监测系统，要求具有非常高的精确性，不能出现差错。

3)技术影响软件的生产率。如果软件开发速度太慢，软件公司将失去机会和竞争力。在统计软件总的开发时间时，不能漏掉用于测试和维护的时间。软件维护是个漫长的阶段，它能把前期拿到的利润慢慢消耗光。如果软件的质量不好，将导致维护的代价很高。企图偷工减料而提高生产率是得不偿失的。

(3)评估操作可行性。一个项目不仅仅要在经济和技术上可行，还必须在操作运行上可行。操作可行性分析所要考虑的是系统的操作方式在这个用户组织内是否行得通。分析员应该根据使用部门处理事物的原则和习惯来检查技术上可行的方案，去掉其中不可行的操作方式。

(4)社会环境可行性。社会环境可行性至少包括两种因素：市场和政策。

1)市场又分为未成熟的市场、成熟的市场和将要消亡的市场。

涉足未成熟的市场要冒很大的风险，要尽可能准确地估计潜在的市场有多大，自己能占多少份额，多长时间能够占领市场。

挤进成熟的市场虽然风险不高，但利润也相对较少。如果供大于求，即软件开发公司多项目少，那么在竞标时可能会出现恶性杀价的情形。例如，国内第一批销售计算机以及做系统集成的公司发了财，当别的企业觊觎巨大的收益而挤入此行业时，这个行业的平均利润也就下降了。

将要消亡的市场就别进去了，尽管很多程序员怀念 DOS 时代编程的那种淋漓尽致，可现在没人要 DOS 应用软件了。学校教学尚可使用 DOS 软件，商业软件公司则不可再去开发 DOS 软件了。

2)政策对项目及软件公司生存与发展影响很大，例如国家为了发展国内软件行业，出台了很多优惠政策，包括下面几项。

自 2000 年 6 月 24 日起至 2010 年底以前，对一般纳税人销售其自行开发生产的软件产品，按 17%的法定税率征收增值税后，对其增值税实际税负超过 3%的部分实行即征即退。

对我国境内新办软件生产企业，经认定后，自开始获利年度起，第一年和第二年免征企业所得税，第三年至第五年减半征收企业所得税。软件生产企业的工资和培训费用，可按实际发生额在计算应纳税所得额时扣除。

6.做出结论和推荐最好方案

经过上述可行性分析，分析员对新项目能否实现给出了确切的结论。可行性分析结论大致有下述情况。

(1)如果新项目的实现是可能的,建议继续进行。

(2)如果新项目的实现条件不足,建议推迟进行。等到某些条件(例如资金、人力、设备等)落实之后方可进行。

(3)如果新项目的实现目标不明确,建议暂缓进行。对开发目标进行某些修改之后才能进行。

(4)如果新项目的实现不可能,建议不能进行或不必进行。例如,技术不成熟、经济上不合算等。

如果分析员认为项目开发可以继续进行,则应该从诸多方案中提出最可能实现的方案,并说明理由,然后提出推荐意见,供客户审核和决策。

7.草拟开发计划

系统分析员应该进一步为推荐的系统草拟一份开发计划,大致从以下几方面进行。

(1)任务分解。确定负责人,这个项目能分解成的小项目数量,由几个小组来管理,明确各小组负责人。

(2)进度规划。给出每个时间段应完成的大致进度规划。

(3)财务预算。

(4)风险分析对策。风险是指技术风险、市场风险、政策风险等,每个风险都要考虑。通过风险分析,制定风险预案。当风险出现后,相应的操作流程对项目能有一定的安全保障。

8.书写文档、提交审查

可行性研究阶段的一个重要的结束标志是形成可行性研究文档。可行性研究文档是下一阶段开发开始的依据。可行性研究文档以"可行性研究报告"的形式书写,将可行性研究报告提供给用户和使用部门的负责人审查,以决定此项工程是否继续,是否接受分析员推荐的方案。

1.1.4　可行性研究使用的方法

可行性研究阶段一般使用的方法有系统流程图、数据流图和数据字典。

1.系统流程图

系统流程图主要用图形符号描绘系统里面的每个部件(程序、文件、数据库、表格、人工过程等),通过这些图形符号表现出信息在系统各部件之间流动的情况,而不是对信息进行加工处理的过程。因此,尽管系统流程图使用的某些符号和程序流程图中用到的符号相同,但是它却是物理数据流图而不是程序流程图。

2.数据流图

用系统流程图描绘一个系统时,系统的功能和实现每个功能的具体方案是混在一起的,所以,需要用另一种方式进一步总结现有的系统,并着重描绘系统所完成的功能而不是系统的物理实现方案,这种方式就是数据流图。数据流图描绘的是系统的逻辑模型,图中没有任何具体的物理元素,只是描绘信息在系统中流动和处理的情况。

3.数据字典

数据字典的主要用途是在软件分析和设计的过程中给人提供关于数据的描述信息。数据字典是关于数据的信息的集合,也就是对数据流图中包含的所有元素的定义的集合,它与数据流图配合,共同构成系统的逻辑模型,能清楚地表达数据处理的要求。

1.1.5 可行性研究实验

1. 实验目标

(1)掌握可行性研究报告的撰写格式,并能对一个待开发的项目进行准确的可行性分析。

(2)根据市场调查和预测的结果,以及相关的外界环境,对项目可行性进行论证。

(3)在分析了项目可行性的情况下,从项目实施的技术角度,合理设计技术方案,并进行评价。

2. 实验内容

对所选项目进行可行性研究,并撰写项目可行性研究报告。

3. 实验要求

从可行性的各个方面综合考虑,分析准确,所写报告要符合可行性研究报告的格式要求。

4. 实验模板

可行性研究报告模板:

可行性研究报告模板

1 引言

1.1 编写目的

(1)阐明编写该可行性研究报告的目的。

(2)指出该报告所针对的读者对象。

(3)指出该报告将从哪些方面出发进行可行性分析。

1.2 背景

(1)拟开发软件项目的名称。

(2)该项目的任务提出者、开发者以及预期用户。

(3)指出该项目与其他系统或软件之间的关系。

(4)指出该项目开发所参照的已有其他系统(如果有)。

1.3 定义

给出本报告中所用到的专门术语的定义及英文缩写的原文。

1.4 参考资料

列出可能使用到的有关资料的标题、作者、编号、发表日期、出版单位或资料来源途径。

资料具体可包括:

(1)书写文档所引用的有关资料,所参照的软件标准或规范。

(2)与项目有关的已发表的资料。

(3)项目经核准的计划任务书、合同或上级机关的批文。

2 可行性研究的前提

阐明对拟开发项目的基本要求、达到目标、条件和限制、采用方法以及评价尺度。

2.1 要求

列出对拟开发项目的各项基本要求,并针对各项要求加以简要说明,包括:

(1)功能:概要描述系统所要实现的各项功能。

(2)性能:简要说明拟开发项目所具备的性能及其优越性。

(3)输出:如报告、文件或数据,对每项输出要说明其特征,如用途、产生频度、接口以及分发对象。

(4)输入:说明系统的输入,包括数据的来源、类型、数量、组织以及提供的频度。

(5)处理流程和数据流程:说明基本要求,并用图表表示出最基本的处理流程和数据流程,并加以文字说明。

(6)安全和保密:说明基本要求,如对于不同权限的用户提供不同的功能模块,对数据库的关键数据进行保密等。

(7)本系统与其他系统的关系:如该系统为其他系统的子系统等。

(8)完成期限:确定完成本系统的截止日期。

2.2　目标

阐明拟开发系统的开发目标及应考虑的因素,如:

(1)人力与设备费用的相对减少。

(2)预期收益的提高。

(3)处理速度的提高。

(4)人员利用率的提高。

(5)管理信息系统的升级。

(6)自动决策系统的改进。

(7)生产能力的提高。

2.3　条件、假定和限制

阐明开发本系统过程中所具备的条件、假定及所受限制,如:

(1)拟开发系统运行寿命的最小值。

(2)经费投资方面的来源和限制。

(3)政策和法规方面的限制。

(4)硬件、软件、开发环境和运行环境方面的条件和限制。

(5)系统投入使用的最晚时间。

2.4　可行性研究采用的方法

阐明可行性研究将如何进行,拟开发系统将是如何评价的。可以采用客户调查、专家咨询和对市场同类产品进行调查的方法。

2.5　评价尺度

阐明对该系统进行评价时所采用的基本尺度,如开发时间的长短、所需经费的多少以及各项功能的优先次序。

3　对现有系统的分析

现有系统是指目前实际使用的系统,既可指计算机系统,也可指人工系统或其他系统。对现有系统进行分析的目的是为了阐明开发新系统或修改现有系统的必要性。对当前系统及其存在的问题进行简单描述。

3.1　数据流程和处理流程

对现有系统的基本处理流程和数据流程加以说明,用图表表示出最基本的处理流程和数据流程,并加以文字说明。

3.2　费用开支

列举运行现有系统所需的费用开支，如：

1)人力。

2)设备。

3)材料。

4)服务。

3.3　人员

列举运行和维护现有系统所需人员的专业技术类别和数量。

3.4　设备

列举运行和维护现有系统所需的设备类型和数量。

3.5　局限性

指出现有系统存在的问题和开发新的系统的必要性。

4　所建议技术的可行性分析

阐明实现拟开发系统的目的、目标、要求的方法及新系统与当前系统相比较的优越性。

4.1　对所建议系统的简要描述

概要描述拟开发系统，如系统采用的体系结构等。

4.2　处理流程和数据流程

给出数据流程和处理流程的描述，可用常用的系统流程图和数据流图来表示。

4.3　与现有系统比较所具有的优越性

指出拟开发系统与现有系统相比较，在诸如提高处理能力、减轻工作负荷、增强系统灵活性和保证数据安全等方面的优越性。

4.4　采用建议系统可能带来的影响

阐明若采用拟开发系统，预期会带来的各方面的影响，包括：

(1)对设备的影响。

(2)对软件的影响。

(3)对用户单位机构的影响。

(4)对系统运行的影响，如用户的操作规程，运行中心的操作规程，运行中心与用户之间的关系，源数据的处理，数据进入系统的过程，对数据保存的要求，对数据存储、恢复的处理，输出报告的处理过程，存储媒体和调度方法以及系统失效的后果及恢复的处理办法。

(5)对开发的影响。

(6)对地点和设施的影响。

(7)对经费开支的影响。

4.5　局限性

指出所建议系统的受限制的或受约束的性质。

4.6　技术可行性评价

在充分可靠的实验基础上，说明拟开发系统在技术方面具备的可行性，如：

(1)在当前技术允许的条件下，该系统的功能目标能否达到。

(2)在规定的时间期限内，该系统的功能能否完成。

(3)在软硬件及其他限制条件下该系统的功能能否实现。

4.7　可选择的其他系统方案

扼要说明曾考虑过的每一种可选择的方案，包括需开发的和可从国内国外直接购买的，如果没有供选择的系统方案可考虑，则说明这一点。同时要逐个说明未加采纳的理由。

5　所建议系统的经济可行性分析

5.1　支出

针对已选定的方案，说明所需的费用开支。

(1)基本建设投资，包括采购、开发和安装房屋和设施、ADP设备、数据通信设备、环境保护设备、安全与保密设备、数据库管理软件等各项所需的费用。

(2)其他一次性支出。

(3)非一次性支出，即该系统生命周期内按月或按季度或按年支出的用于运行和维护的费用。

5.2　收益

针对已选定的方案，说明预期获得的各项收益，包括开支的减少、处理速度的提高等。

(1)一次性收益。

(2)非一次性收益。

(3)不可定量的收益。

5.3　敏感性分析

敏感性分析是指一些关键因素如系统生命周期长度、系统的工作类型与这些不同类型之间的合理搭配、处理速度要求、设备和软件的配置变化时，对开支和收益的影响最灵敏的范围的估计。在敏感性分析的基础上做出的选择当然会比单一选择的结果要好一些。

6　社会条件方面的可行性分析

6.1　法律方面的可行性

阐明拟开发系统的研制是否会侵犯他人、集体和国家的利益，是否会违反国家相应的政策和法律。

6.2　用户使用方面的可行性

阐明拟开发系统是否充分考虑了用户的组织管理、工作流程、人员素质等方面的因素。

7　可行性的结论意见

由该可行性分析得出结论，可以是：

(1)可以着手开发。

(2)需要等待某些条件，如人力、设备和资金等到位之后才能再开发。

(3)需要对所开发项目的目标进行某些修改之后才能开发。

(4)不能进行或不必进行，如所需技术尚不成熟或不具备等。

1.1.6　实验案例

现在给出书中实例“研究生教学管理系统”项目的可行性研究报告：

研究生教学管理系统可行性研究报告

1 引言

1.1 编写目的

应学校研究生院的需求，为方便研究生的教学管理，开发研究生教学管理系统。本文档是在项目合同基础上编制的。本文档的编写为需求、设计、开发提供依据，为项目组成员对需求的详尽理解以及在开发过程中的协同工作提供强有力的保证。同时，本文档也作为项目评审验收的依据之一。

研究生教学管理系统可行性报告主要是对该项目从经济可行性、技术可行性、操作可行性、社会环境可行性等方面考虑，对该项目做一个综合的评估。

1.2 背景

随着我国高校教学体制改革的发展和研究生招生规模的扩大，研究生教育中繁杂的管理工作大幅增加，仅依靠手工或计算机单机处理各种信息和数据已远远不能满足高效的信息化管理要求。由于各管理部门之间没有统一的信息共享机制，导致涉及交叉业务的部门之间数据流转效率低下，各部门研究生相关数据很难准确一致，特别是研究生有科研地点分散、集中学习时间较短的特点，管理部门、导师、研究生信息沟通交流困难，不但容易造成管理上的混乱和漏洞，给研究生科研学习带来不便，而且给研究生管理部门的综合统计分析、数据汇总上报等带来很大困难。为了更好地适应现代研究生教育管理理念，提高研究生教育管理效率和管理水平，加强研究生教育工作的规范化与科学化，所以需要开发一套能够满足各高校研究生教学体制和现代化管理要求的研究生教学管理系统。

1.3 定义

使用研究生教学管理系统的用户分类：

(1)学生：使用浏览器访问该系统培养信息的人，每名学生都有一个学号及密码。

(2)教师：使用浏览器访问该系统教学信息的人，每名教师都有一个用户名及密码。

(3)管理员：系统管理者，负责该软件系统信息的更新和维护。

2 可行性研究的前提

2.1 要求

研究生教学和培养环节管理是具体到每位研究生和任课教师的非常具体和复杂的业务，根本区别于本科生专业培养计划基本一致的教务规律。培养管理子模块使教师信息、课程信息、培养方案、培养计划、网上选课、教学安排、成绩管理、培养环节管理、教学质量评价等实现网络化，使得教学安排更加便捷，教学质量评价更加客观，培养环节等易于管理。

2.2 目标

研究生教学管理系统开发主要是为提高目前学校作业管理的效率，重点解决网上选课、课程管理、教学安排等问题，有效地利用各学校现有的电脑与网络资源，促进学校全面展开信息化教学，也能使相关人员利用互联网就可以足不出户地了解到学校现有设备的情况。同时也给老师和学生提供一个互相交流的平台，可以实现跨空间、跨时间的交流，不仅节约资源和时间，学生也能及时从老师那里获取反馈信息，提高学习成绩，极大地提高工作、学习效率。培养管理子模块使教师信息、课程信息、培养方案、培养计划、网上选课、教学安排、成绩管理、培养环节管理、教学质量评价等实现网络化。

2.3　条件、假定和限制

建议开发软件运行的最短寿命:5 年。

经费来源:研究生院。

硬件条件:服务器。

软件、运行环境:Windows XP Professional,Windows 7。

数据库:SQL Server 2005。

建议开发软件投入使用的最迟时间:2013 - 8 - 30。

2.4　可行性研究采用的方法

采用客户调查、专家咨询和对市场同类产品进行调查的方法。

2.5　评价尺度

开发时间:6～10 个月。

所需经费:4～6 万元人民币。

3　对现有系统的分析

3.1　系统流程

该系统的流程图如图 1 所示。

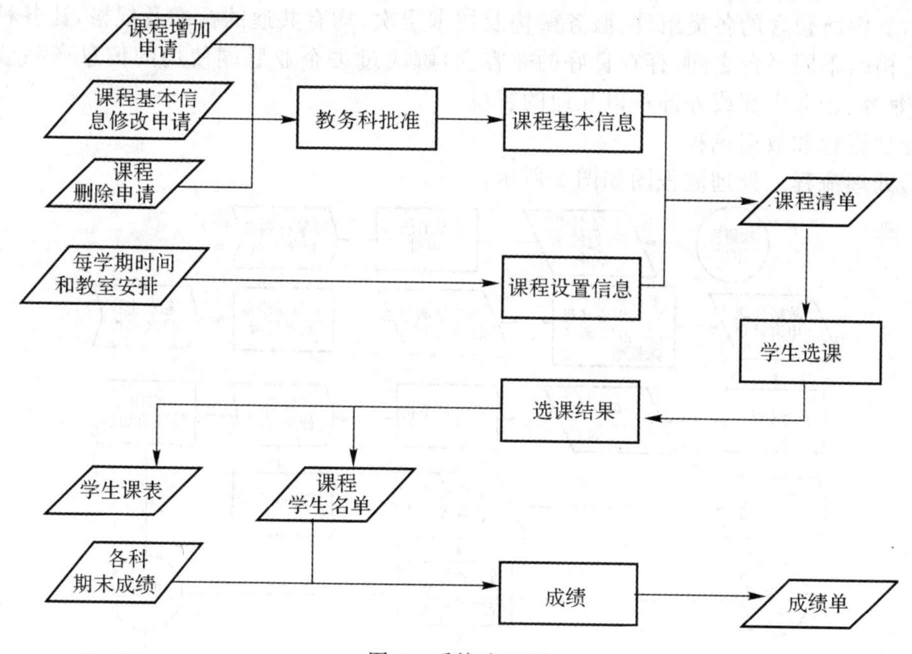

图 1　系统流程图

3.2　费用支出

本次开发主要的费用支出有:

1)人员费用;

2)PC 设备;

3)开发资料费用以及管理费用。

3.3　人员

人员配置见表 1。

表1　人员配置

人员类别	数量/人	职能
分析、设计及编码	5	可行性分析、需求分析、软件设计及编码实现
数据整理	2	教学管理流程基础数据整理
测试	2	软件测试
维护	1	软件维护
共计	10	

3.4　设备

PC多台、数据库服务器一台、网络服务器一台。

3.5　局限性

由于研究生教学管理系统规模扩大、功能增多,原有的系统已不能满足教学管理所需。

4　所建议技术可行性分析

4.1　对系统的简要描述

J2EE是一套全然不同于传统应用开发的技术架构,包含许多组件,主要可简化规范应用系统的开发与部署,进而提高可移植性、安全性与再用价值。

J2EE Java 2平台企业版(Java 2 Platform, Enterprise Edition)的核心是一组技术规范与指南,其中所包含的各类组件、服务架构及技术层次,均有共通的标准及规格,让各种依循J2EE架构的不同平台之间,存在良好的兼容性,解决过去企业后端使用的信息产品彼此之间无法兼容、企业内部或外部难以互通的窘境。

4.2　处理流程和数据流程

(1)处理流程。处理流程图如图2所示。

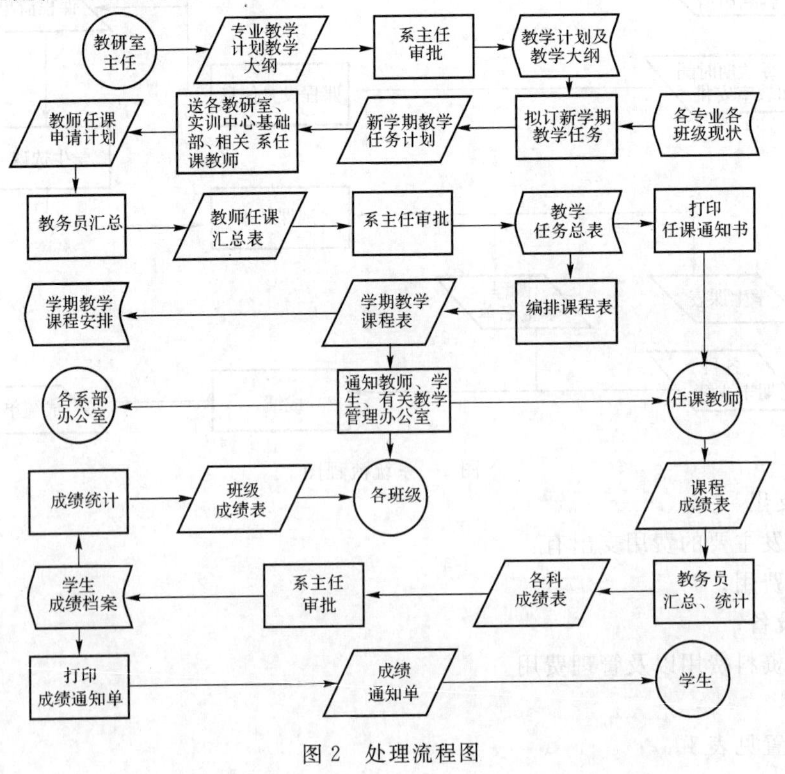

图2　处理流程图

(2)数据流程。

1)教学管理数据流程图(见图3)。

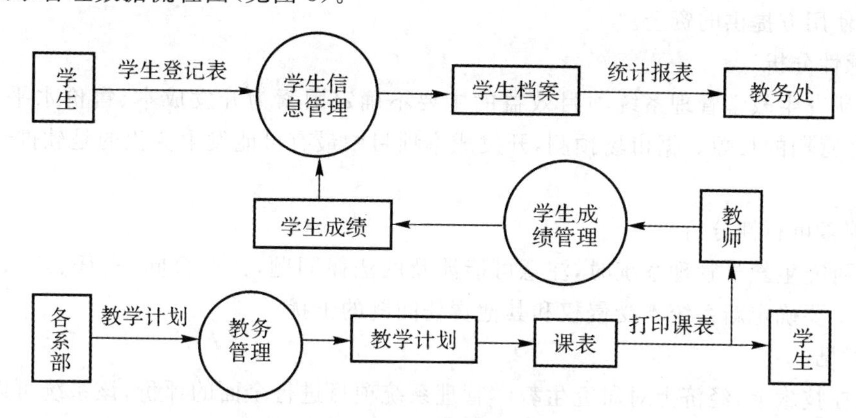

图3　教学管理数据流图

2)学生信息管理子系统数据流程图(见图4)。

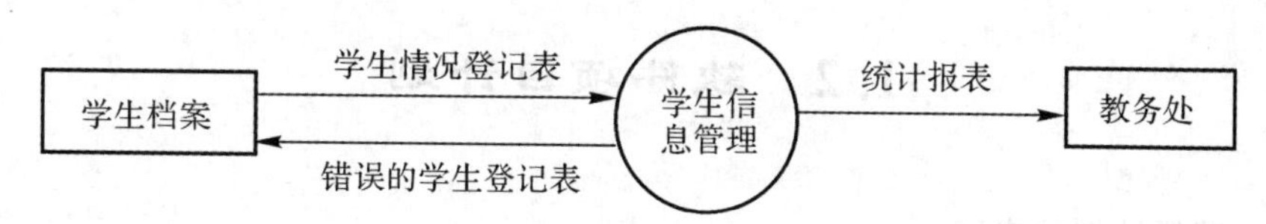

图4　学生信息管理子系统数据流程图

3)成绩管理子系统数据流程图(见图5)。

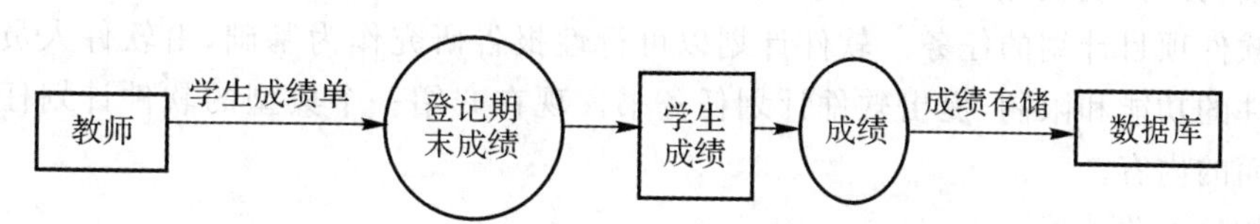

图5　成绩管理子系统数据流程图

4.3　与现有系统比较的优越性

J2EE体系结构提供中间层集成框架,用来满足无需太多费用而又需要高可用性、高可靠性以及可扩展性的应用的需求。通过提供统一的开发平台,J2EE降低了开发多层应用的费用和复杂性,同时提供对现有应用程序集成的强有力支持,完全支持Enterprise JavaBeans,有良好的向导支持打包和部署应用,添加目录支持,增强了安全机制,提高了性能。

4.4　局限性

由于教学业务流程的限制,系统处理的时效性不够明显。

4.5　技术可行性评价

成本效益分析结果表明,此项目效益大于成本。利用现有技术及当前项目档期人员调配充足的情况,能够完成和达到预期的功能目标,并且开发工作可以在规定的期限内按期完成。

5　所建议系统经济可行性分析

5.1　支出

主要包括人员费用、PC设备费用、开发资料费用以及管理费用。

5.2 效益

项目使用方提供的资金。

5.3 敏感性分析

影响研究生教学管理系统项目效益的主要不确定因素为开发成本、售价水平、销售税率、开发经营期的长短。据市场预测，开发成本项目中最有可能发生变化的是软件开发的费用和售价。

6 社会因素可行性分析

开发研究生教学管理系统时，注意可能涉及的法律问题，比如合同、责任、知识产权、专利等问题。要确定新系统不受侵权和其他责任问题的干扰。

7 结论意见

经过在技术上、经济上对研究生教学管理系统项目进行全面的评价，该系统可以开发。

1.2 软件项目计划

1.2.1 项目计划的内容

为了成功地开发软件，必须明确软件的工作范围、环境资源、进度安排以及软件成本等。这些都是软件项目计划的任务。软件计划以可行性报告研究作为基础，由软件人员和用户共同确定软件的功能和限制，提出软件计划任务书。现在介绍一个典型的软件计划任务书应该包括四方面的内容。

1.软件的工作范围

软件计划的第一个任务是确定软件的工作范围，主要是对软件功能、性能、可靠性和接口等方面的需求进行描述，形成一个总体的任务说明，作为指导软件开发各个阶段工作的依据。

(1)功能需求说明给出整个软件系统所提供的服务的简短描述。

(2)性能需求考虑系统提供的服务应遵循的一些时间、空间上的要求，即对系统的执行效率和所需存储空间的要求，主要包括处理时间的约束、存储限制以及具体使用环境等。对功能和性能要同时考虑才能做出正确的估计。

(3)由于软件将与计算机系统的其他部分交互作用，所以必须考虑每一接口界面的性质和复杂程度，以确定对开发资源、成本及进度的影响。

(4)要考虑软件可靠性的要求，不同性质的软件有不同的要求，特殊性质的软件可能要求特殊考虑以保证可靠性。

2.环境资源

软件计划的另一任务是分析软件开发所需要的资源情况，包括人力资源、硬件和软件的分配和使用情况。对每种资源的描述基本上可以从资源的基本状况、对资源要求的日程安排以及资源应用的持续时间三个方面来说。

人是最主要的软件开发资源。参与软件开发的人员主要包括项目负责人、管理人员、系统分析员(高级技术人员)以及相关专业的程序员等。对这些人员的分配和使用需要考虑开发软件的实际情况。如果开发的是相对较小的软件项目,开发时间较短,一般需要一个或少数几个人就可以完成所有的软件开发工作;如果开发大型的软件工程项目,由于开发的持续时间长,参加人员的数量多,在整个生命周期中,人员组成的变动是不可避免的,这时必须考虑对人力资源的有效利用,合理规划各开发阶段的人员配置。

硬件也是软件开发过程中必不可少的资源,主要包括开发系统、目标机和新系统的其他硬部件等。其中,开发系统是指软件开发过程中使用的计算机系统,它能够提供支持系统开发要求的多种软件开发平台,满足用户信息存储与通信等要求,能够模拟用户运行环境。目标机是指目标软件实际运行的硬件系统,是支持软件正常运行的配置。另外,硬件资源还包括支撑系统运行的其他硬部件。

软件资源是指系统开发、运行要求的支持软件系统,这些软件资源在软件开发中起辅助的支持作用,有些甚至可以成为新软件的一部分,比如操作系统、程序设计开发环境、数据库系统或特定领域的软件包。

3. 进度安排

进度安排的主要工作是指定软件开发进度表,以明确开发阶段的任务和时间安排情况。软件进度计划的常用方法有以下两种。

(1)甘特图。甘特图(Gantt chart)又叫横道图或条状图(Bar chart),它是以图示的方式通过活动列表和时间刻度形象地表示出任何特定项目的活动顺序与持续时间。甘特图是在第一次世界大战时期发明的,以亨利·L·甘特先生的名字命名,他制定了一个完整地用条形图表示进度的标志系统。

甘特图内在思想简单,基本是一条线条图,横轴表示时间,纵轴表示任务(项目),线条表示在整个期间上计划和实际的活动完成情况。它直观地表明任务计划在什么时候进行,实际进展与计划要求的对比。管理者由此极为便利地弄清一项任务(项目)还剩下哪些工作要做,并可评估工作进度。甘特图的优点是简单、明了、直观,易于编制,目前多用于小型项目。在大型工程项目中,它也是高级管理层了解全局、基层安排进度时有力的工具。一个甘特图表示的进度安排例子如图1-1所示。

	任务名称	工期	开始时间	完成时间	前置任务
1	考勤管理系统	70 days?	2010年11月1日	2011年1月25日	
2	计划	13 days	2010年11月1日	2010年11月15日	
5	需求	1 day?	2010年11月18日	2010年11月18日	
6	完成需求规格说明书	1 day?	2010年11月16日	2010年11月18日	2
7	设计	8 days?	2010年11月22日	2010年11月30日	
8	完成概要设计和说明书	2 days?	2010年11月22日	2010年11月23日	5
9	概要设计说明书的撰写	3 days?	2010年11月22日	2010年11月24日	
10	数据库设计	3 days?	2010年11月25日	2010年11月27日	
11	详细设计说明书的撰写	3 days?	2010年11月27日	2010年11月30日	
12	编程阶段	7 days?	2010年12月14日	2010年12月20日	7
13	界面设计	7 days?	2010年12月14日	2010年12月20日	
14	数据库设计	2 days?	2010年12月17日	2010年12月18日	
15	集成系统	3 days?	2010年12月18日	2010年12月20日	
16	测试阶段	7 days?	2010年12月9日	2010年12月15日	7
17	测试用例	5 days?	2010年12月9日	2010年12月13日	
18	测试报告	2 days?	2010年12月14日	2010年12月15日	
19	配置&变更管理	31 days	2010年12月16日	2011年1月25日	18
20	撰写计划	1 day	2010年12月16日	2010年12月16日	
21	创建环境	6 days	2010年12月17日	2010年12月22日	20
22	建立集成工作空间	24 days	2010年12月23日	2011年1月25日	21
23	管理基线和发布	24 days	2010年12月23日	2011年1月25日	
24	管理变更请求	16 days	2010年12月16日	2011年1月4日	
25	监控和报告配置状态	16 days	2010年12月16日	2011年1月4日	
26	提交	5 days?	2010年12月20日	2010年12月24日	
27	运行产品	2 days?	2010年12月20日	2010年12月21日	
28	验收报告	1 day?	2010年12月22日	2010年12月22日	27
29	用户手册	2 days?	2010年12月23日	2010年12月24日	28

0年12月26日　2011年1月2日　20
一 二 三 四 五 六 日 一 二 三 四 五 六 日
全体成员
全体成员

图1-1　甘特图描述的进度安排

(2)网络计划法。网络计划法是用网状图表示安排与控制各项活动的方法,可通过对网状图的分析,方便地确定完成整个工程至少需要多少时间,以及哪些子工程是影响工程进度的关键。一般适应于工作步骤密切相关、错综复杂的工程项目的计划管理。一个简单的网络计划如图 1-2 所示。

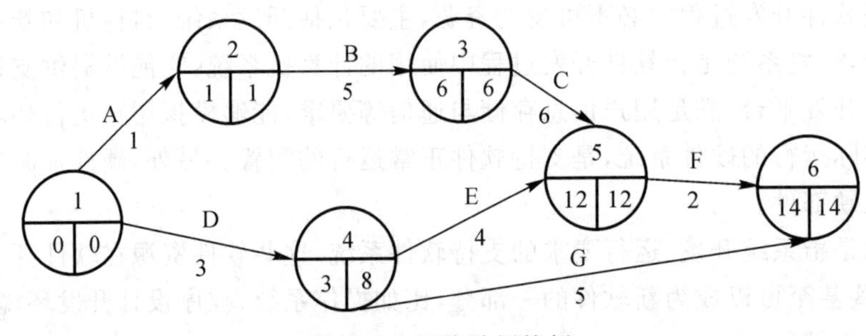

图 1-2　网络计划简例

网络计划方法的步骤:

第一步:利用网络计划对项目进度进行控制,要计算每个事件的最早时间与最迟时间。

第二步:确定关键路线。如果两个事件的最早时间与最迟时间相等,则称其为关键事件,由关键事件连接的各个活动所组成的路线称为关键路线。

4. 软件成本

软件价格的计算是不可能精确的,许多可变因素都可能影响软件的价格。但是,可以采用一系列的方法对软件价格进行估算,从而使估算的结果大致上是可以接受的。一般是分解技术和经验模型两种技术同时使用,互相进行交叉检验。分解技术将软件项目分解成若干主要的功能和相关的软件工程活动,通过求精的方法完成成本及工作量的估算。经验估算模型可对分解技术进行补充。经验估算模型是基于历史数据且由一些经验导出的公式,即

$$L = C_K K^{1/3} t_d^{4/3} \tag{1-1}$$

其中:L 为源代码行数(以 LOC 计);K 为整个开发过程所花费的工作量(以人年计);t_d 为开发持续时间(以年计);C_K 为技术状态常数,它反映“妨碍开发进展的限制”,取值因开发环境而异,见表 1-1。

表 1-1　C_K 的典型值

C_K 的典型值	开发环境	开发环境举例
2 000	差	没有系统的开发方法,缺乏文档和复审
8 000	好	有合适的系统的开发方法,有充分的文档和复审
11 000	优	有自动的开发工具和技术

从上述方程加以变换,可以得到估算工作量 K 和开发时间 t_d 的公式。

1.2.2　实验软件与工具

软件项目计划通常是利用甘特图法来制订。本书就运用甘特图来作为项目的计划工具。甘特图的项目管理方式可以用微软公司的 Office Project 来体现和实现。甘特图中的长条图

形表示项目中的每项任务。长条形的起点和终点分别为任务的开始和结束,任务进度可通过长条图形内不同颜色的细线表示,并可使用一些特殊图标(如:菱形)表示任务里程碑。

甘特图中任务之间的依赖关系则通过连接的带箭头的线表示,用于表明只有当前一项任务完成之后,下一组任务才能启动。大多数情况下,依赖关系基于里程碑建立。

甘特图能较全面地反映项目开展情况,并能方便进行基于里程碑的项目管理。

1.2.3 软件项目计划实验

1. 实验目标

(1)掌握项目管理软件 Microsoft Project 的操作界面和基本操作;学会使用 Project 2003/2007 的帮助文件。

(2)学习利用 Project 为项目编写甘特图。

(3)掌握软件项目计划报告格式的撰写,并能对一个待开发的项目编写软件项目计划报告。

2. 实验内容

(1)熟悉 Project 的界面和基本操作。

(2)利用 Microsoft Project 工具,新建并编辑项目特定甘特图。

(3)撰写软件项目计划报告。

3. 实验要求

能熟练地运用甘特图制订项目计划。

4. 实验模板

项目计划书模板:

1 引言

1.1 编写目的(说明项目计划书的编写目的及阅读对象)

1.2 项目背景(说明项目来源、开发机构和主管机构)

1.3 定义(说明计划书中专门术语的定义与缩写词的原意)

1.4 参考资料(说明计划书中引用的资料、标准或规范的来源)

2 项目概述

2.1 工作内容(说明项目中各项工作的主要内容)

2.2 条件与限制(说明影响软件开发的各项约束条款,如项目实施应有软件、已有条件、尚缺条件,用户及项目承包者需承担的责任,项目完工期限等)

2.3 产品

2.3.1 程序(说明需移交给用户的程序的名称、编程语言、存储形式等)

2.3.2 文档(说明需移交给用户的文档的名称及内容要点)

2.4 运行环境(包括硬件设备、操作系统、支撑软件及其协同工作的应用程序等)

2.5 服务内容(说明需向用户提供的各项服务,如人员培训、安装、保修、维护与运行支持等)

2.6 验收标准(说明用户验收软件的标准与依据)

3 实施计划
3.1 任务(分解项目任务,确定任务负责人)
3.2 进度(使用图表安排任务进度,涉及任务的开始时间、完成时间、先后顺序和所需资源等)
3.3 预算(说明项目所需各项开支,如人力资源、场地费用、差旅费用、设备资料费用)
3.4 关键问题(说明将影响项目成败的关键问题、技术难点和风险)
4 人员组织及分工(说明本项目人员的组织结构,参与者的基本情况等)
5 交付期限(说明项目完工并交付使用的预期期限)
6 专题计划要点(简要说明项目实施过程中需制订的其他专题计划,如人员培训计划、测试计划、质量保证计划、配置管理计划、用户培训计划和系统安装计划等)

1.2.4 实验案例

现在给出书中实例“研究生教学管理系统”项目的软件项目计划书。

研究生教学管理系统项目计划书案例

1 引言
1.1 目的
使学校研究生教学更加规范化、系统化和程序化,提高信息处理的速度和准确性,方便及时、准确、有效地在研究生与教师之间进行交流。
1.2 定义与缩写词
本文档采用GB/T 11457中的术语、缩略语及其定义。
1.3 项目背景
(1)项目名称:研究生教学管理系统。
(2)项目的任务提出者:西北工业大学研究生院。
(3)项目的任务开发者:西北工业大学软件与微电子学院。
(4)用户:西北工业大学研究生与教师。
1.4 功能描述
(1)外部功能:实现可视化窗口,通信交流。
(2)内部功能:软件主要分为4个模块,即教师模块,研究生模块,研究生与教师通信模块,基本信息模块。
2 项目估算
2.1 使用的评估技术
研究生教学管理系统是采用B/S实现的。该B/S结构的系统在Windows XP系统和eclipse平台下开发完成,使用Java作为开发语言,SQL Server 2005作为数据库。系统有较高的安全性和较好的性能。
2.2 工作量、时间估算
从2013年1月22日到2013年6月11日,大约5个月时间。

3　项目进度计划

3.1　项目任务分解

从软件工程角度来分，大致有以下任务：

(1)可行性研究报告。

(2)项目开发计划。

(3)软件需求分析。

(4)数据库设计。

(5)总体设计。

(6)界面设计。

(7)网页设计。

(8)相关美工设计。

(9)详细设计。

(10)测试计划。

(11)操作手册。

(12)测试分析报告。

(13)项目开发总结。

(14)维护修改建议。

3.2　时间安排(见表1)

表1　时间安排

周　次	启动时间	阶　段
0	1月22日	可行性研究
1	3月05日	软件需求分析
2	3月12日	软件需求分析
3	3月19日	概要设计
4	3月26日	概要设计
5	4月02日	详细设计
6	4月09日	详细设计
7	4月16日	编码与测试
8	4月23日	编码与测试
9	4月30日	编码与测试
10	5月07日	编码与测试
11	5月14日	编码与测试
12	5月21日	编码与测试
13	5月28日	软件验收
14	6月04日	提炼与论文撰写
15	6月11日	提炼与论文撰写
16	6月18日	准备答辩

4　关键问题

本项目采用成熟软件开发技术，其项目风险主要在于系统性能。

5　软件配置

5.1　硬件平台

(1)CPU：1.6 GHz 或更快的处理器。

(2)内存：256MB 以上。

5.2　软件平台

(1)操作系统：Windows XP，Windows 7。

(2)数据库：SQL Server 2005。

(3)开发工具：eclipse。

(4)开发语言：Java。

(5)浏览器：IE6 或更高版本 Web 服务器 IIS7。

1.3　软件配置管理

1.3.1　基础理论与方法

随着计算机的应用范围日益广泛，软件规模和复杂度日益增加，导致软件开发方式越来越强调团队协作。在这种开发方式下，会遇到很多问题，例如：需要将整个软件的版本恢复到以前某一时间的状态，限制随意修改程序，或者控制某一程序在同一时间内只能一个开发人员修改，等等。为了解决这些问题，提高软件产品和软件项目的质量及软件开发过程中的管理水平，更好地为以后的软件开发工作提供有效的服务，必须采用先进的管理手段，实现软件产品和软件项目源码的科学管理。

软件开发过程中的最终结果包括三类信息：计算机程序、描述计算机程序的文档和数据结构。组成上述信息的所有项目构成一个软件配置，其中的每一个均被称为一个软件配置项目(Software Configuration Item，SCI)，它是配置管理的基本单位。一个软件配置中最早的 SCI 是系统规格说明书。所以，软件配置管理是软件质量保证的一个重要环节。在软件开发过程中它的主要任务是控制软件的修改，主要包括：

(1)标识软件配置中的各种对象；

(2)管理软件的各种版本；

(3)控制对软件的修改；

(4)审计配置；

(5)报告配置情况。

软件配置管理包括的范围比较广，其主要目标：

(1)定义和计划软件配置管理活动。

(2)识别、控制和管理软件开发过程中的软件产品(程序源码、文档、数据资料等)。

(3)控制处于配置管理下的软件产品的修改。

(4)通知与软件产品相关的项目组和成员产品的目前状态和被修改的信息。

软件配置管理工具有很多，例如：Starteam，PVCS，ClearCase，VSS 和 CVS 等。Starteam，PVCS 和 ClearCase 更适合庞大的团队和项目，并且价格不菲，所以并不常用。目前使用比较广泛的是 VSS 和 CVS，两者在使用上有各自的优势和不足。

VSS 的全名是 VisualSourceSafe，是微软公司开发的 VisualStudio 开发套件中的软件配置管理部分，有非常好的技术支持和非常详尽的技术文档。VSS 适合在局域网范围内，以 Windows 平台为主的中、小项目，以文件管理为主要功能，其优势是使用方便，学习成本低，对服务器仅需要快速大容量的存储器。

CVS 的全名是 ConcurrentVersionSystem，是一种可以并发的版本控制系统。它是一个开源项目，可以直接从网站下载最新的源代码。CVS 可以满足局域网和广域网不同的网络条件，提供不同级别的安全性选择，在一台专门的服务器配合下，客户可以使用任何平台开发项目。CVS 本身是在 UNIX 系统上开发的，在 UNIX 下提供的是命令行使用模式。在 Windows 平台下可以选择用 CVSNT 搭建服务器，用 WinCvs 作为客户端。CVS 对于已经完成了开发过程，进入项目维护阶段或者进入项目升级阶段的项目，可提供完善的软件配置管理的支持，不过在学习和操作上成本比较高。

1.3.2　软件配置管理过程

软件配置管理主要有配置管理规划、变更管理、版本和发布管理等活动。

1. 配置管理规划

一个开发机构(企业/公司)的配置管理过程及其相关文档应该以标准为基础，所以必须制订项目配置管理规划，用于描述配置管理应使用的标准和规程。制订的规划首先应该是一组一般性的且整个机构通用的配置管理标准，最通用的是 ANSI/IEEE 标准，可应用于各类商业软件项目。配置管理规划根据标准编写，主要包括以下内容。

(1)定义哪些软件配置项需要管理，以及识别这些软件配置项的形式模式。

(2)说明由谁负责配置管理规程，并把受控的软件配置项提交给配置管理团队。

(3)用于变更控制和版本管理的配置管理策略。

(4)描述配置管理过程的记录，以及该记录应该被维护的形式。

(5)描述配置管理所使用的工具和使用这些工具的过程。

(6)定义将用于记录配置信息的配置数据库。

(7)其他信息，如为外部供应商提供的软件的管理信息，以及对配置管理过程审查规程的管理信息等。

配置管理规划的一个很重要的特点是要明确责任，应该明确由谁负责把每个软件配置项提交给质量保证和配置管理部门，并明确规定每个软件配置项的评审人员。

2. 变更管理

对大型软件系统而言，变更是一个不争的事实。应该根据设计好的变更管理规程，并采用确定的变更管理过程和相关的辅助工具，这样才能保证对变更的成本和效益做出正确的分析，并使变更始终处于控制之中。

3.版本和发布管理

一个系统版本就是一个系统实例,在某种程度上有别于其他系统实例,各种系统版本可能有不同的功能和性能。这些不同的版本有的是为了修改系统错误而设计的,有的只是为了适应不同的软/硬件配置而设计的。发布版本是分发给用户的系统版本,一个系统的版本比发布版本多,这是因为很多版本是为内部开发或测试而创建的,无须发布。

版本和发布管理是标志和跟踪一个软件系统各种版本和发布的过程。版本管理主要是为版本的标志、编辑和检索等设计一个规程,以保证版本信息的有效管理。通常版本标志的内容包括版本编号、基于属性的标志和基于变更的标志。

版本发布管理负责确定发布时间、分发渠道、编制和管理发布文档,以及协助安装新的版本。发布版本不仅仅是本系统的可执行代码,还包括以下内容。

(1)配置文件:定义对于特定安装,发布版本应该如何配置。

(2)数据文件:是成功进行系统操作所必需的。

(3)安装程序:用于帮助在目标硬件上安装系统。

(4)电子和书面文档:用于系统说明。

(5)包装和相关宣传:为版本发布所做的工作。

1.3.3 实验软件与工具

软件配置管理工具有很多,例如:VSS,CVS,ClearCase,SVN 和 StarTeam 等。在此仅详细介绍 SVN。SVN 是一个可以从互联网上免费下载的开源软件,它是最流行的版本控制系统之一 CVS 的继任者。目前,绝大多数开源软件都使用 SVN 作为代码版本管理软件,它是一种集中式文件版本管理系统。一般集中式管理有非常明确的权限管理机制(例如分支访问限制),可以实现分层管理,从而很好地解决开发人数众多的问题。其工作流程图如图 1-3 所示。

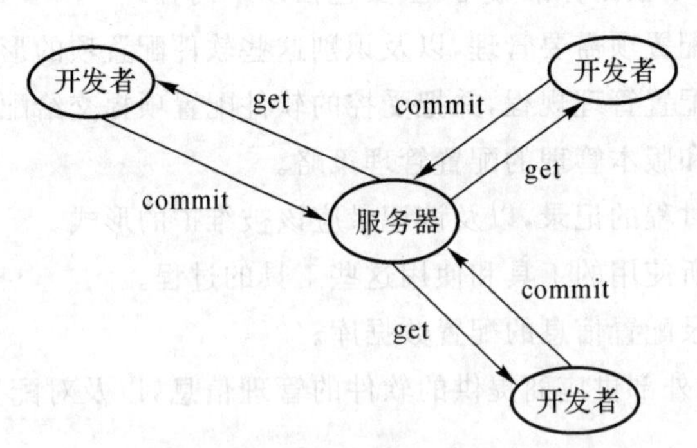

图 1-3 集中式管理的工作流程图

SVN 拥有如下特点:

(1)支持多级管理员。系统支持 3 种角色权限:超级管理员、目录管理员、普通用户。超级管理员:对所有配置库具有完全权限。目录管理员:可对指定的目录/SVN 库进行权限管理,包括对该目录/库的用户进行删除、写权限变更、读权限变更以及为子目录设置管理员等。普通用户:可以查看用户名、查看权限设置、修改自己的密码。可以进行分布式管理,将适当的目录的权限管理工作授权给适当的人,大大减轻特定配置管理员的压力。

(2)对文件、目录和元数据记录版本。目录以及文件是SVN中可以记录版本的对象。这意味着移动或者重命名一个目录的操作可使目录中的文件自动跟着移动过来,并且历史信息也正确地被保留了下来。文件和目录还能以SVN的属性的形式关联相关的元数据。属性信息既可以是文本也可以是二进制数据,而且和文件内容一样会被记录版本,被不断改变,以及被合并到新的版本中去。属性被大量用来控制SVN处理文件的方式,展开哪些关键字,忽略哪些文件,诸如此类。属性的优势在于SVN的客户端可以访问它们,使得第三方工具可以与用户的项目库集成。

(3)原子提交和改动集。SVN使用了类似数据库事务的方式来处理用户提交代码到项目库的过程。整个改动要么成功地被提交,要么被中断并回滚。当某人正在提交时,其他人是看不到不完整的改动的,其他人看到的要么是改动之前的状态,要么是改动之后的状态。这样的行为被称为"原子提交",它能保证每个程序员查看项目仓库时看到的总是相同的东西。如果你正在提交的时候网络连接中断,不会把你的改动留一部分在项目库中,所有的改动都会被干净地回滚。由于对多个文件的所有改动被打包为单一的逻辑单元,程序员可以更好地组织和跟踪他们所做过的改动。

(4)出色的联网支持。SVN有着一个非常有效率的网络协议,并且工作文件的原始拷贝是存储在本地的,这使得用户甚至在不连接服务器的情况下都能查看所做过的改动。SVN在联网时可以有很多选择,包括使用Secure Shell(SSH)和Apache web服务器让项目库在公共网络上被访问。

(5)廉价的分支、标记和合并操作。在许多版本控制系统中,创建分支是很重要的。比如CVS,创建分支或者给代码打标签需要访问服务器并且修改项目库中的每个文件。SVN使用了一个高效的数据库模型来创建分支和合并文件,使得这些操作轻松而快捷。

(6)真正的跨平台支持。SVN在非常多的平台上都有相应的版本,并且最重要的是,服务器在Windows上运行得很好。

1.3.4 软件配置管理实验

1.实验目标

掌握开源软件配置工具SVN的安装配置和使用方法。

2.实验环境

PC,Visual SVN Server, Tortioise SVN。

3.实验内容

(1)安装SVN服务器端软件Visual SVN Server及配置。

(2)安装SVN客户端软件Tortoise SVN及配置。

(3)编写配置管理计划。

4.实验步骤

(1)安装服务器端Visual SVN Server。

(2)安装客户端Tortoise SVN。

(3)配置 SVN 服务器的用户,用户组和权限。

(4)在客户端机器上新建一个工作目录,执行检出操作。

(5)修改版本库。

(6)在 SVN 中创建分支和合并文件。

5. 实验模板

以下给出软件配置管理计划模板:

软件配置管理计划模板

1 引言

1.1 目的(必须指出特定的软件配置管理计划的具体目的。还必须描述该计划所针对的软件项目(及其所属的各个子项目)的名称和用途)

1.2 定义与缩写词(列出计划正文中需要解释的而在 GB/T 11457 中尚未包含的术语的定义,必要时,还要给出这些定义的英文单词及其缩写词)

1.3 参考资料(列出要用到的参考资料的文件的标题、文件编号、发表日期和出版单位,说明这些文件资料的来源。如合同或上级批文、引用的文件、资料或有关本项目其他已发表的文件)

2 管理

配置管理组织架构(计划所涉及的成员及成员组织方式,用组织结构图表示)

2.1 任务(描述在软件生存周期各个阶段中的配置管理任务以及要进行的评审和检查工作,并指出各个阶段的阶段产品应存放在哪一类软件库中)

2.2 角色和职责(在配置管理活动中每一个涉及的人员的职责)

3 软件配置管理活动(必须描述配置标识、配置控制、配置状态记录与报告以及配置检查与评审等四方面的软件配置管理活动的需求)

3.1 配置标识

3.1.1 基线(详细说明软件项目的基线即最初批准的配置标识)

3.1.2 代码、文档(描述本项目所有软件代码和文档的标题、代号、编号以及分类规程)

3.2 配置控制

3.3 配置状态的记录和报告

3.4 配置的检查和评审

4 工具、技术和方法(指明为支持特定项目的软件配置管理所使用的软件工具、技术和方法,指明它们的目的,并在开发者所有权的范围内描述其用法)

5 对供货单位的控制

6 记录的收集、维护和保存(指明要保存的软件配置管理文档,指明用于汇总、保护和维护这些文档的方法和设施(其中包括要使用的后备设施),并指明要保存的期限)

7 附录:配置管理报表及其格式

7.1 软件问题报告单(SPR,见表 1)

表 1　软件问题报告单

<table>
<tr><td colspan="10" rowspan="3">软件问题报告单</td><td colspan="3">登记号</td><td colspan="4">A</td></tr>
<tr><td colspan="3">登记日期</td><td colspan="4">B　年月日</td></tr>
<tr><td colspan="3">发现日期</td><td colspan="4">C　年月日</td></tr>
<tr><td colspan="2">项目名</td><td colspan="3">D</td><td colspan="3">子项目</td><td colspan="2">E</td><td colspan="3">代号</td><td colspan="4">F</td></tr>
<tr><td>阶段名</td><td>需求分析□</td><td>需求分析□</td><td>概要设计□</td><td>详细设计□</td><td>编码测试□</td><td>组装测试□</td><td>安装验收□</td><td>运行维护□</td><td>状态</td><td>1</td><td>2</td><td>3</td><td>4</td><td>5</td><td>6</td><td>7</td></tr>
<tr><td colspan="2" rowspan="2">报告人</td><td>姓名</td><td colspan="5">电话</td><td colspan="3"></td><td colspan="6"></td></tr>
<tr><td>地址</td><td colspan="14"></td></tr>
</table>

问题:G 例行程序□程序□数据库□文档□改进□

子例行程序/子系统:H	修改版　号:I	媒体:J
数据库:K	文档:L	
测试实例:M	硬件:N	

问题描述/影响:O

附注及修改建议:P

7.2　软件修改报告单(SCR,见表 2)

表 2 软件修改报告单

软件修改报告单	登记号	A
	登记日期	B 年月日
	发现日期	C 年月日

项目名	D	子项目	E	代号	F

响应哪些 SPR:G

修改类型	X	修改申请人	Y	修改人	Z

修改:H 程序□数据库□文档□解释□

修改描述:I

批准人:J

改动:

语句类型:K I/O 计算逻辑数据处理					
程序名:L		老版本号:M		新版本号:N	
数据库:O	DBCR:P		文档:Q	DUT:R	
修改已测试否:S	单元	子系统	组装	确认	运行
成功否:S					

SPR 的问题叙述准确否? T 是□否□

附注:U

问题来自:V 系统设计规格说明书□需求规格说明书□设计说明书□数据库□程序□

资源来自:W 人工数:(单位:人日)计算机时间:(单位:h)

1.3.5 实验案例

现在给出书中实例“研究生教学管理系统”项目的配置管理计划。

研究生教学管理系统配置管理计划

1 引言

1.1 目的

使学校研究生教学更加规范化、系统化和程序化，提高信息处理的速度和准确性，方便及时、准确、有效地在研究生与教师之间进行交流。

1.2 定义与缩写词

本文档采用GB/T 11457中的术语和缩略语及其定义。

1.3 项目背景

项目名称：研究生教学管理系统

项目的任务提出者：西北工业大学研究生院

项目的任务开发者：西北工业大学软件与微电子学院

用户：西北工业大学研究生与教师

2 组织及职责

配置管理的角色和职责见表1。

表1 配置管理角色职责表

角色	人员	职责和工作范围
配置管理者	屈云子	指定《配置管理计划》 创建和维护配置库
SCCB负责人	刘一静	审批《配置管理计划》 审批重大的变更
SCCB成员	刘一静(项目经理) 岳菲菲(质量保证人员) 屈云子(配置管理者)	审批某些配置项或基线的变更

3 配置管理环境

由于本项目属于中小型项目，工期也不是很长，本项目采用Visual SVN Server, Tortioise SVN作为配置工具。

3.1 配置库目录结构(见表2)

表 2　配置库的目录结构

序　号	内　容	说　明		路　径
1	TCM	技术合同管理		$\prj-School\TCM
2	RM	需求管理		$\prj-School\RM
3	SPP	软件项目规划		$\prj-School\SPP
4	SPTO	软件项目跟踪与管理		$\prj-School\SPTO
5	SCM	软件配置管理		$\prj-School\SCM
6	SQA	软件质量保证		$\prj-School\SQA
7	SPE	软件产品工程	设计	$\prj-School\SPE\DESIGN
8			源代码	$\prj-School\SPE\SOURCE
9			目标代码	$\prj-School\SPE\BUILD
10			测试	$\prj-School\SPE\TEST
11			发布	$\prj-School\SPE\RELEASE

3.2　用户及权限(见表 3)

表 3　配置库的用户权限

类　别	人　员	权限说明
配置管理者	岳好	负责项目配置管理,拥有所有权限
项目经理	韩万江	访问、读
质量保证人员	郭天奇	访问、读
开发人员	姜岳尊,孙泉	访问、读
高层管理	张天	访问、读

4　配置管理活动

4.1　配置项标志

4.1.1　命名规范

本项目配置项命名规范由 5 个字段组成,从左到右依次为提出者、项目、类型、编号和版本号,如图 1 所示。这些字段用一横线(-)分隔。

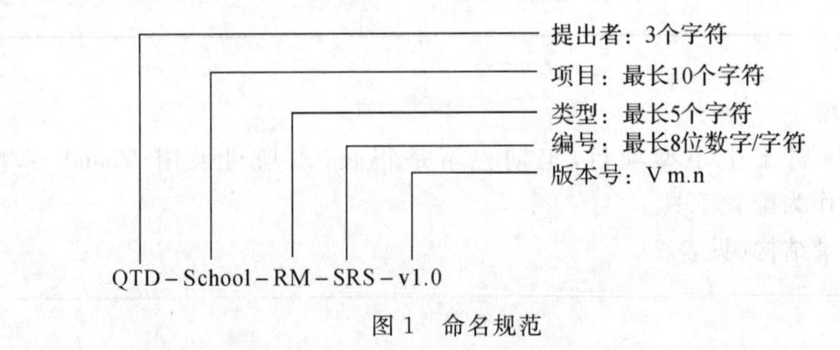

图 1　命名规范

4.1.2 主要配置项(见表4)

表4　配置项列表

类　型	主要配置项	标识符	预计正式发表时间
技术合同	《合同》	QTD-School-TCM-Contract-V1.0	2003-4-11
	SOW	QTD-School-TCM-SOW-V1.0	2003-4-11
计划	《项目计划》	QTD-School-SPP-PP-V1.0	2003-4-11
	《质量保证计划》	QTD-School-SPP-SQA-V1.0	2003-4-11
	《配置管理计划》	QTD-School-SPP-SCM-V1.0	2003-4-11
需求	《需求规格说明书》	QTD-School-RM-SRS-V1.0	2003-4-18
	用户DEMO	QTD-School-RM-Demo-V1.0	2003-4-18
设计	《总体设计说明书》	QTD-School-Design-HL-V1.0	2003-4-22
	《数据库设计》	QTD-School-Design-DB-V1.0	2003-4-22
	《详细设计说明书》	QTD-School-Design-LL-V1.0	2003-4-25
	《设计术语及规范》	QTD-School-Design-STD-V1.0	2003-4-22
编程	源程序	QTD-School-Code-ModuleName-V1.0	2003-6-2
	编码规则	QTD-School-Code-STD-1.0	2003-4-22
测试	《测试计划》	QTD-School-Test-Plan-V1.0	2003-6-2
	《测试用例》	QTD-School-Test-Case-V1.0	2003-6-2
	《测试报告》	QTD-School-Test-Report-V1.0	2003-6-4
提交	运行产品	QTD-School-Product-Exe-V1.0	2003-6-5
	《验收报告》	QTD-School-Product-Report-V1.0	2003-6-6
	《用户手册》	QTD-School-Product-Manual-V1.0	2003-6-6

4.1.3　项目基线(见表5)

基线管理由项目执行负责人确认、SCCB授权，由配置管理员执行。

表5　项目基线

基线名称/标识符	基线包含的主要配置项	预计建立时间
需求	《需求规格说明书》、用户DEMO	2003-4-18
总体设计	《总体设计说明书》《数据库设计》	2003-4-11
项目实现	软件源代码、编码规则	2003-6-2
系统测试	《测试用例》《测试报告》	2003-6-4

4.1.4 配置项的版本管理

配置项可能包含的分支从逻辑上可以划分成4个不同功能的分支：主干分支、私有分支、小组分支、集成分支。让它们分别对应4类工作空间。这4类工作空间(分支)由项目执行负责人统一管理，根据各开发阶段的实际情况定制相应的版本选取规则，来保证开发活动的正常运作。当变更发生时，应及时做好基线的推进。

对配置项的版本管理在不同分支具有以下不同策略。

(1)主干分支。系统默认自动建立的物理分支——主干分支(/main),基线均以LABLE方式出现在主干分支上。

(2)私有分支。如果多个开发工程师维护一个配置项时建议建立自己的私有分支。配置管理员对其基本不予管理,如个别私有空间上的版本冗余,将对其冗余版本进行限制。

(3)小组分支。如果出现小组共同开发一配置项,该分支可视为项目组内部分组的私有空间,存放代码开发过程中的版本分支,由项目组内部控制。

(4)集成分支。集成测试时在主干分支的特定版本(由 LABLE 标志清晰)上建立集成分支,测试工作在集成分支上完成。

私有分支和小组分支均为可选,必要时建立。

4.2　变更管理

变更管理的流程:

(1)由请求者提交变更请求,SCCB 会召开复审会议对变更请求进行复审,以确定该请求是否为有效请求。典型的变更请求管理有需求变更管理、缺陷追踪等。

(2)配置管理者收到基线修改请求后,在配置库中生成与此配置项相关的波及关系表。

(3)配置管理者将基线波及关系表提交给 SCCB,由 SCCB 确定是否需要修改,如果需要修改,SCCB 应根据波及关系表,确定需要修改的具体文件,并在波及分析表中标志出来。

(4)配置管理者按照出库程序从配置库中取出需要修改的文件。

(5)项目人员将修改后的文件提交给配置管理者。

(6)配置管理者将修改后的配置项按入库程序放入配置库。

(7)配置管理者按 SCCB 标识出的修改文件,由波及关系表生成基线变更记录表,并按入库程序放入配置库。

4.3　配置状态统计

利用配置状态统计,可以记录和跟踪配置项的改变。状态统计可用于评估项目风险,在开发过程中跟踪更改,并且提供统计数据以确保所有必需的更改已被执行。为跟踪工作产品基线,配置管理者需收集以下信息。

(1)基线类型。

(2)工作产品名称。

(3)配置项名称/标识符。

(4)版本号。

(5)更改日期/时间。

(6)更改请求列表。

(7)需要更改的配置项。

(8)当前状态。

(9)当前状态发生日期。

项目组每周提交配置项清单及其当前版本。

配置管理人员每半个月提交变更请求的状态统计。

第2章 软件需求分析

需求分析是指开发人员通过细致的调查分析，详细、准确和完整地理解用户需要什么样的软件，将用户非形式的需求陈述转化为完整的需求定义，再将需求定义转化成相应的需求规格说明的过程。简而言之，需求分析就是利用各种方法、技术和工具等，详细、准确和完整地搞清楚系统必须"做什么"。通常，把一整套的需求分析方法、技术和工具等的集合称为建模方法。

在可行性分析阶段已经粗略地了解了用户的需求，并提出了可行的解决方案。但可行性研究的目标是在短时间内确定是否存在可行的系统方案，因而，可行性研究在分析用户需求时会忽略许多细节，没有准确、完整地回答系统必须"做什么"这个问题。可行性分析阶段的有关结果是需求分析的出发点，开发人员应该仔细研究这些结果。

在软件工程中，软件需求分析是软件定义时期的最后一个阶段，它是软件生存期中极其重要的一步，需求分析的结果是整个软件系统开发的基础，关系到工程的成败和软件产品的质量，是软件成败的决定因素之一。

2.1 基础理论与方法

2.1.1 需求分析的任务

需求分析的任务不是确定系统怎样完成它的工作，而是确定系统"必须做什么"，也就是对系统提出完整、准确、清晰、具体的要求。例如详细描述软件功能和性能、确定软件设计的适用领域以及软件同外界的接口等等。需求分析阶段的成果是形成一份经用户和开发方共同认可的需求规格说明书。

1. 问题识别

首先，分析员研究可行性分析报告和软件项目计划，在系统语境内理解软件，确定对目标系统的综合要求并提出这些需求实现的条件以及应达到的标准。这些需求包括功能需求、性能需求、可靠性需求、安全保密需求、资源使用需求以及软件成本消耗等。此外，还需要注意其他非功能性的需求，例如针对某种开发模式确定质量控制标准、里程碑和评审、验收标准、各种质量要求的优先级以及可维护性方面的需求。还要预先估计系统可能达到的运行状态，以便顺利地开展分析工作，其根本目标是对用户提到的基本问题元素进行识别。

现实中，许多软件项目组织都认为"顾客就是上帝"，对用户的要求一概满足，这样迁就的结果导致了需求变更频繁，严重影响正常的实施计划。因此，必须和用户进行充分、有效的沟通，使用户认识到：双方的共同目标是保证软件开发质量。

2. 评估和综合

分析员必须定义所有外部可观的数据对象、评估信息流和内容、定义并详细阐述所有软件功能、在影响系统的事件的语境内理解软件行为、建立系统接口特征以及揭示其他设计约束。

例如,从信息流和信息结构出发,逐步细化所有软件功能,找出系统各元素之间的联系、接口特性和设计上的限制;判断是否存在因片面性或短期行为而导致的不合理的用户需求、是否有用户尚未提出真正有价值的潜在需求;剔除其不合理的部分,增加其需要部分;最终综合成系统的解决方案,给出目标系统的详细逻辑模型。

通过对当前问题和希望信息(输入和输出)的评估,分析员开始综合并归纳出最优解决方案。事实上,该项工作一般需要反复进行,不断修正和完善。

3. 建模

在评估和综合的活动中,分析员要创建系统模型,以便更好地理解数据流和控制流、功能处理、行为操作以及信息内容。该模型补充了使用自然语言的需求描述,是软件设计以及创建软件规范的基础。建议包含两个高层次的模型,一个是表示系统运行环境的模型,另一个是说明系统如何分解为子系统的体系结构模型。

4. 规约

在需求分析的初始阶段,用户可能还不清楚自己到底需要什么,开发方也可能还无法确定哪种方法能适当地完成用户所要求的功能和性能,所以在本阶段不可能产生详细的规约,只能在总体上对系统规约有一个基本的认识。

5. 评审

为确保软件需求是可取的,还应该对需求的正确性,文档的一致性、完整性、准确性和清晰性,以及其他各种各样的需求给予评审,即进行需求验证(Requirement Verification),以避免需求不足、需求过多或需求频繁变更(即需求不稳定)等问题的出现,这就必须确保需求是可评估和可测试的。

同行评审(Peer Review)是业界公认的最有效的排错手段之一。在需求评审过程中,使用最多的也是同行评审。

需求评审应由专门指定的人员负责,并严格按规程进行。评审结束应有评审负责人的评语及签字。需求评审的参与者当中,除分析员之外,必须要有用户或用户代表参与,同时还要包括项目的管理者、系统工程师和相关开发人员、测试人员、市场人员、维护人员等。这里特别强调,在项目开始之初就应当确定不同级别、不同类型的评审必须有哪些人员参与,否则,评审可能会遗漏掉某些人员的宝贵意见,导致今后不同程度的返工。

2.1.2 需求分析的过程

需求获取是在问题及其最终解决方案之间架设桥梁的第一步。获取需求的一个必不可少的结果是对项目中描述的客户需求的普遍理解。一旦理解了需求,分析者、开发者和客户就能探索出描述需求的多种解决方案。参与需求获取者只有在理解了问题之后才能开始设计系统,否则,对需求定义的任何改进,设计上都必须大量地返工。把需求获取集中在用户任务上,而不是集中在用户接口上,有助于防止开发者由于草率处理设计问题而造成失误。

需求获取、分析、编写需求规格说明和验证并不遵循线性的顺序,这些活动是相互隔开、增量和反复的。当和客户合作时,会对他们提出一系列的问题,并取得他们所提供的信息(需求获取)。同时,处理这些信息以理解它们,并把它们分成不同的类别,还要把客户需求同可能的软件需求相联系。然后,可以使客户信息结构化,并编写成文档和示意图。最后,可以让客户代表评审文档并纠正存在的错误。这4个过程贯穿着需求开发的整个阶段。

由于软件开发项目和组织文化的不同，对于需求开发没有一个简单的、公式化的途径。下面列出了14个步骤，可以利用它们指导需求开发活动。对于需求的任何子集，一旦完成了第13步，就可以很有信心地继续进行系统的每一部分的设计、构造。

(1)定义项目的视图和范围。

(2)确定用户类。

(3)在每个用户类中确定适当的代表。

(4)确定需求决策者和他们的决策过程。

(5)选择所用的需求获取技术。

(6)运用需求获取技术对系统的使用实例进行开发并设置优先级。

(7)从用户那里收集质量属性信息和其他非功能需求。

(8)详细拟订使用实例使其融合到必要的功能需求中。

(9)评审使用实例的描述和功能需求。

(10)如果有必要，要开发分析模型以澄清需求获取的参与者对需求的理解。

(11)开发并评估用户界面原型以帮助想象还未理解的需求。

(12)从使用实例中开发出概念测试用例。

(13)用测试用例来论证使用实例、功能需求、分析模型和原型。

(14)在继续进行设计和构造系统每一部分之前，重复(6)到(13)步。

在一个逐次详细描述过程中，重复地详述需求，以确定用户目标和任务，并作为使用实例。然后，把任务描述成功能需求，这些功能需求可以使用户完成其任务，也可以把它们描述成非功能需求，这些非功能需求描述了系统的限制和用户对质量的期望。虽然最初的屏幕构思有助于描述对需求的理解，但是必须细化用户界面设计。

2.1.3　需求的类型

软件需求包括3个不同的层次：业务需求、用户需求和功能需求(也包括非功能需求)。

(1)业务需求：反映了组织机构或客户对系统、产品高层次的目标要求，它们在项目视图与范围文档中予以说明。

(2)用户需求：文档描述了用户使用产品必须要完成的任务，这在使用实例(use case)文档或方案脚本说明中予以说明。

(3)功能需求：定义了开发人员必须实现的软件功能，使得用户能完成他们的任务，从而满足了业务需求。

2.1.4　获取需求的方法

获取需求就是用文字描述业务系统的目标。开发者通过访谈、问卷调查、建立联合分析小组、获得用户手工操作流程、快速原型法等方法，获取用户和客户对业务要求和业务目标的描述，并写成问题描述文档。

1. 访谈

访谈是最原始的，也是迄今为止仍然广泛使用的需求分析技术。访谈是一个直接与客户交流的过程，可以了解各种用户和客户对软件的要求。

在访谈之前，系统分析员事先准备好一些具体问题，例如，针对研究生教学管理系统，可以询问研究生基本信息、培养管理、学位管理、就业管理等问题，还可以询问一些开发性的问题，例如，用户对目前正在使用的系统有哪些不满的地方。

在访谈过程中分析员要注意以下几点。

(1)问题应该是循序渐进的，即首先关心概念性、整体性的问题，然后再深入讨论一些细节问题。

(2)所提问题不应该限制用户的思维，在访谈过程中分析员要客观公正地与用户和客户进行交流。

(3)可以适当使用情景分析技术，在某种程度上演示目标系统的行为，从而便于客户的理解，让客户在需求分析过程中始终扮演一个积极主动的角色。

2. 问卷调查

当需要调查大量的人员意见时，可以使用派发问卷调查表的方式收集意见。经过仔细考虑写出的书面回答有时比口头回答更准确。分析员在阅读汇总了调查表的内容后，再针对性地对某些客户进行交谈，从而提高访谈的效率。比较普遍的做法是，在与用户进行一些简单的交流后，在此基础上制定调查表，然后再分发给相关的人员填写。

3. 建立联合分析小组

由软件开发方和客户方共同组成联合分析小组，是一种很好的需求获取方法，这种方法也称为简易的应用规格说明书。参加小组的用户也属于分析人员，他们肩负着与需求分析员相同的任务——把系统的需求描述清楚，进而做出一个双方都满意的系统。

联合小组要制订小组工作计划和进度安排，确定专门的记录人员和负责人。同时还要选定一种简洁、准确、易于理解的符号，作为共同交流的语言，例如，一些辅以文字说明的流程图及工作表等。

4. 获取手工操作流程

可以通过观察用户实际的手工操作流程来获取用户需求。观察手工操作过程是为了获取第一手资料，并从中获取有价值的需求。分析人员有了第一手资料之后，再结合自己的软件开发和应用的经验，就可以发现不合理的用户需求，提出用户还没有意识到的、潜在的信息，而这些信息却是很有价值的用户需求。

5. 快速原型法

可以根据系统的特点，使用快速原型法进行需求分析。先快速地建立起一个系统原型，用来演示系统功能。让用户对原型进行评估，根据用户和客户的要求修改原型，把修改后的系统原型再次交给用户评估，如此循环多次，获得用户最终准确的需求。

快速原型法有以下几个注意事项。

(1)系统原型应该是实现用户看得见的功能。例如，可以实现如屏幕显示、打印报表、虚拟的数据查询等功能。

(2)构建原型必须快速。构建原型的目的是为了尽快向用户演示未来的系统功能。通过原型，开发人员能快速了解用户对系统功能的要求。

(3)原型必须容易修改。原型一般都需要多次修改，还可能循环“使用—反馈—修改”多次，如果修改原型耗费过多的时间，将会增加软件的开发成本。

(4)选择合适的原型构建技术。先进的快速开发技术和工具是快速原型法的基础。

2.1.5 定义需求

当需求分析人员对用户和客户进行访谈后，就要记录下用户和客户对业务系统的描述。

开发人员必须把用户对业务系统的陈述转化为完整的、清晰的、可用于开发系统的描述，这种描述业务系统的格式，必须是用户能理解的、认可的标准格式。第一次的需求描述不可能完整和清晰，但最终应有一个文档能详细描述系统应完成的所有工作(和系统不应完成的工作)，而且没有误解。

例如，下文是研究生教学管理系统的业务描述。

研究生教学管理系统提供了对研究生在校期间所有培养工作的管理，每个环节严格控制，主要工作包括培养计划、论文开题、考试组织、成绩管理等。学生可以通过浏览器了解学校最新的培养动态及资讯，方便快捷地进行选课、获得考试安排信息及成绩查询等工作。

1. 定义词汇表

需求阶段的目的之一是理解和定义词汇，词汇表必须解决同音异义和同义异音问题。

获取需求的活动结束后，开发者建立了两个产品：第一个产品是对业务系统的业务描述；第二个产品是对业务系统中词汇的定义。

2. 业务用例模型

需求的第一步是如何建立业务模型。业务模型可以非常简单，只是一个类图，显示业务实体之间的关系，有时称为域模型。但对于大多数项目来说，需要建立一个完整的业务模型，表示业务的运作方式，或者至少表示构成系统的部分业务。

这里建立的业务用例模型包含用例本身和其他一些内容，如参与者表(带有描述)、词汇表、用例(带有描述和细节)、通信图(可选)、活动图(可选)。

现在按照一般创建顺序，介绍业务用例的建模过程。但要注意，构建各种产品的顺序不是固定的，可以从前、从后迭代，或多次重复，直到得到完整的用例图为止。

(1)标识业务参与者。业务参与者是指与业务相关的参与者，业务用例是指与业务相关的用例，在寻找业务参与者和业务用例时，只考虑业务，不考虑计算机是如何实现系统的。

业务参与者是在业务中扮演某个角色的人、部门或者独立的软件系统。一般来说，业务参与者使用系统或给系统提供服务。与现实生活一样，参与者可以在不同的时刻，扮演不同的业务角色。一般是从业务系统中获取业务参与者的。

(2)标识业务用例。一般来说，询问每个业务参与者他们的目标和任务是什么时就能找到业务用例。另外，还可以从员工和管理层培训手册、业务描述、专用需求文档、销售册子和其他文档中找到每个参与者的目标和任务。

在业务建模过程中，只关注现有系统。在这个阶段，只是尽力描述当前业务的运作方式。一旦有了候选的用例列表，就可以列出每个用例执行时包含的步骤(时间流)。

3. 系统用例模型

系统用例模型比业务用例模型更详细、更具说明性。一般来说，系统用例模型包括：参与者表(带有描述)、用例列表(带有描述)、用例图、用例描述(包括所有的相关非功能需求)、用户界面草图、改进的词汇表、用例的优先级。

现在介绍系统用例建模的过程。

(1)标识系统参与者。在客户的帮助下标识和描述系统参与者。这个阶段标识的参与者应只包括直接和系统交互的人或者外部系统,而不包括业务环境中的其他参与者。

(2)用例结构化。用例之间有三种关系:特殊化、包含和扩展。通过这些关系使用例结构化,即使用例之间构成以上关系之一。

(3)用例描述。用例描述中包括:编号、标题、前提条件、主事件、后置事件、异常事件和非功能需求,其他都可以为空。

(4)辅助需求。大多数情况下,可以把非功能需求与特定的用例关联起来。非功能需求可以记录在辅助需求文档中。

(5)用户界面草案。界面可以在早期阶段与客户一起讨论,并把结果记录到用户界面草案中。

(6)系统用例的优先级。最好按照实现的优先级给系统分级,尤其是递增开发过程中更应分级。在用例建模过程中,显然应给用例分级,然后给每个用例打分,表示其紧急程度。

2.1.6 需求验证

所谓需求验证,即是对需求分析成果(如:需求规约、软件规格定义)的检查与确认。通常需求验证包括下述几方面。

(1)有效性验证:检查并确认需求规约或规格定义中的每项条款,都是为满足用户应用而建立的,其中没有无用的多余条款。

(2)一致性验证:检查并确认需求规约或规格定义中的每项条款都是相容的,相互之间没有内容冲突。

(3)完整性验证:检查并确认需求规约或规格定义所给出的需求集合,对用户的需求应有较完整的表达。

(4)现实性验证:检查并确认需求规约或规格定义中的每项条款,都是可最终实现的软件需求。

(5)可检验性验证:检查并确认需求规约或规格定义中的每项条款,都可被用户体验或检测。

一般情况下,可以通过原型和评审进行需求验证。

1.通过原型进行需求验证

首先需要验证的是需求规约,它是直接面向用户的。

为了使需求规约能更加准确地表达用户的需求意愿,很有必要让用户对其中的各项需求说明作更进一步的验证。然而,有很多因素在干扰着用户的需求验证,如用户需求的不稳定性,用户对软件认识的局限性。

现实情况是,分析者已向用户多次解释需求规约,然而用户并不能更好地理解规约。需要引起重视的是,用户需求验证的艰难必将影响到软件开发过程。实际上,需求分析后续工作不得不因验证的艰难而停顿下来,软件的设计、验证工作当然更是无法启动。

许多成功的软件项目经验告诉我们,需求原型有利于改善需求分析工作环境。需求原型可给用户带来直观的需求感受。一些可被用户直接看到的需求,即可通过原型验证,如界面、报表、数据查询的需求验证。

需求原型大多是抛弃型原型,通常无需考虑正常使用,因此,可考虑通过软件快速生成工具创建需求原型,如图2-1所示。

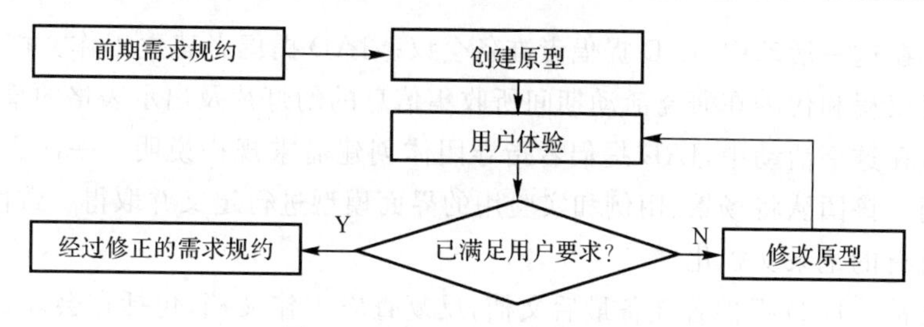

图 2-1　基于原型的需求验证

2. 通过评审进行需求验证

需求评审则是一种传统的正式的需求验证机制,可用于需求规约、软件规格等诸多方面的需求验证。

通常,需要有一个专门的评审小组进行需求评审。这应该是一个由各个方面专家或代表(如软件分析师、软件工程师、领域专家、用户代表)组成的评审小组,他们将一同检查需求规约、软件规格中的各项需求说明。

可从以下几方面对需求进行评审:

(1)一致性:检查是否有需求冲突。如功能之间是否有相互矛盾的规约说明。

(2)有效性:检查每一项需求是否都符合用户的实际需求。

(3)完整性:检查是否有需求遗漏,需求规约是否已很完整地反映了用户的需求意思。

(4)现实性:检查各项需求是否都能通过现有技术给予实现,用户是否可在开发出来的软件中看到需求结果。

(5)可检验性:检查各项需求是否都有适合于用户的检测方法。当软件交付用户使用时,用户是否可自行进行需求检查。

(6)可读性:检查需求规约是否具有可读性,是否能够被用户轻松理解。

(7)可跟踪性:检查是否清楚记录了各项需求的出处。

(8)可调节性:检查是否能够应对可能出现的需求变更。

2.1.7　管理需求

开发者通过需求收集,获得的业务系统的问题描述中,既包含功能需求,又包含非功能需求,开发者需要对需求分类。同时这些需求可能不正确、不完整、不清晰、不一致,开发者与用户要对需求进行检查、筛选和验证,最后,将系统需求写成需求规格说明书,需求规格说明书应该具有可实现性、确认性、可追踪性。

1. 联合应用设计

联合应用设计(Joint Application Design, JAD)是由 IBM 公司在 20 世纪 70 年代末开发的需求获取方法。JAD 的核心在于所有风险投资者协商完成的需求规格说明的会议活动,主要包括项目定义、调研、准备、会议和最终文档 5 部分。

(1)项目定义。在这一活动中,JAD 提倡者与项目管理者和用户进行会谈,以决定该项目的目标与范围。会面期间所做出的决定将被收集到管理定义指南中。

(2)调研。在这一活动中,JAD 提倡者与现在的用户和未来的用户进行会面,收集有关应用领域的信息,首次描述高层用例的集合。随后,JAD 提倡者开始列出将在会议中解决的问题。这一活动的结论是在会议议程和基本规格说明书中列出工作流程和系统属性信息。

(3)准备。在这一活动中,JAD提倡者准备会议。JAD提倡者建立工作文档,这一文档是最终文档、会议议程和代表在研究活动期间所收集信息的幻灯片及出示表格的草稿。

(4)会议。在这一活动中,JAD提倡者指导团体创建需求规格说明。一次JAD会议至少要3～5天时间。该团队将场景、用例和实验用的界面模型进行定义并取得一致性的意见。通过记录员,将所有的记录文档化。

(5)最终文档。JAD提倡者准备最后文档,反复查看工作文档,包括在会议期间所做出的所有决策。最终文档代表了得到会议认可的系统完整规格说明。最终文档将会分配给所有的会议参与者,作为备忘。

在JAD会议末期,用户对开发过程具有了更深入的认识,JAD活动减少了下游活动的重复工作。

2.需求追踪维护

在实际的软件系统开发中,面对着业务和技术都不断变化的环境,软件系统在开发过程或者演化过程中发生与需求基线不一致和偏离的风险越来越大。为了避免这种现象,控制软件开发的质量、成本和时间,人们提出了需求跟踪的方法。需求跟踪是一种有效的控制手段,它能够在众多的需求变化中协调系统的变化,保持各项并发工作对需求的一致性。

需求跟踪是以软件需求规格说明文档为基线,在向前和向后两个方向上,描述需求以及跟踪需求变化的能力。

追踪性是对需求进行追踪的能力。可追踪性使测试者能够评价测试用例的覆盖情况,使开发者看到的系统是完整的,使维护者评价变化带来的影响。

为实现需求的追踪性,最简单的方法是在需求文档、对象模型和代码产品之间进行交叉引用。每一个产品元素(如用例、构件、类、操作和测试用例)都使用唯一数字进行标识,使每个元素之间进行映射,这样在需求和代码之间就可以实现跟踪了。

3.需求文档化

通过需求整理和验证,得到的需求规格说明书应该具有现实性、确认性和可追踪性。如果系统可在约束下实现,则需求规格说明是现实的;如果系统构建起来后,可设计出能进行的重复测试,则需求规格说明是可确认的。

需求规格说明书经过验证和可行性确认后,分析人员就可以写出正式的需求分析文档(Requirements Analysis Document, RAD)了。

RAD应在功能需求经过多次验证和确认稳定后开始撰写。当发现需求规格说明出现问题,或系统范围发生改变时,需求需要不断被更新。一旦把RAD交给用户,则代表着一类需求基线的诞生,从此RAD便置于配置管理之下。

2.2 实验软件与工具

2.2.1 Rational Rose

1.Rational Rose简介

Rational Rose是Rational公司出品的一种面向对象的统一建模语言的可视化建模工具,用于可视化建模和公司级水平软件应用的组件构造,是最具有影响力的UML建模工具。

Rational Rose 包括了统一建模语言(UML),面向对象的软件工程(OOSE),以及对象建模技术(OMT)。Rational Rose 是一个完全的、具有能满足所有建模环境(Web 开发,数据建模,Visual Studio 和 C++)灵活性需求的一套解决方案。Rational Rose 允许开发人员、项目经理、系统工程师和分析人员在软件开发周期内将需求和系统的体系架构转换成代码,对需求和系统的体系架构进行可视化和精炼。在软件开发周期内使用同一种建模工具可以确保更快更好地创建满足客户需求,可扩展的、灵活的、可靠的应用系统。

2. Rational Rose 的优势

Rational Rose 提供了从用户业务领域到系统逻辑分析与设计,再到系统物理设计与部署的全面建模支持技术,并提供了很好的模型映射机制,可使 UML 所倡导的基于迭代的统一开发过程得到有效的应用。

Rational Rose 的优点还体现在对低端开发环境的正向工程与逆向工程的支持上,所建模型能够通过代码生成工具产生出低端开发环境所能识别的程序框架,而在低端开发环境中建立的程序清单,则能够通过逆向工程而被抽象为系统模型。

3. Rational Rose 的特点

Rational Rose 的两个受欢迎的特征是它提供反复式发展和来回旅程工程的能力。Rational Rose 允许设计师利用反复发展(有时也叫进化式发展)的设计模式,因为在各个设计过程中新的应用能够被创建,通过把一个反复的输出变成下一个反复的输入(这和瀑布式发展形成对比,在瀑布式发展中,一个用户开始使用之前,整个工程将从头到尾地进行设计)。然后,当开发者开始理解组件之间是如何相互作用和在设计中进行调整时,Rational Rose 能够通过回溯和更新模型的其余部分来保证代码的一致性,从而展现出被称为“来回旅程工程”的能力。Rational Rose 是可扩展的,可以使用可下载附加项和第三方应用软件,它支持 COM/DCOM (ActiveX),Java Beans 和 Cor ba 组件标准。

2.2.2 DOORS 需求管理工具

1. DOORS 简介

DOORS 是全球领先的需求管理工具。作为 DOORS/ERS 的核心程序,DOORS 可以捕获、链接、跟踪、分析和管理信息以确保实施工程与需求规格说明和标准一致。DOORS 是为企业设计的,它具有强大的可伸缩的管理能力,支持多平台操作。DOORS 是最老牌的企业需求管理套件,通过使用 DOORS,可以帮助企业更有效地进行沟通并加强协作与验证,从而降低失败的风险。通过对整个组织实施多种需求管理的方法,可以使项目的管理更加透明。

DOORS 可以提供强大的需求管理功能,能够沟通商业需求,支持多用户并行工作的方式,提供管理大型复杂项目的能力并验证系统本身的正确性及系统实施的正确性。

浏览器视图提供了强大而熟悉的浏览机制,鱼眼(fish-eye)视图可以突出重点地显示,它也可以用色彩表达属性的优先级或试验结果。目前在市场上还没有其他工具可以同时提供这两种图形显示方式。

2. DOORS 的优势

(1)沟通:DOORS 直观的用户界面可以方便地帮助多用户通过网络并行访问,并且能够维护大量的管理对象(需求和关联信息)和连接。提供 fish-eye 和 Microsoft Windows 资源管理器的图形方式管理视图,每一个用户都可以方便地定制他们想要看到的需求信息——使用图形和颜色方便可靠地标识需求信息。DOORS是唯一提供电子表格风格的面向文档数据视图的需求管理工具，与Microsoft Word和Excel有很好的集成。

(2)协同：DOORS包括一套完整的变更建议流程和审核系统，使得用户可以对需求递交变更建议，包括理由。内部的项目连接允许项目共享需求、设计和测试，以及提高需求的跟踪能力。讨论机制支持用户针对一个意见进行合作交流，以加快意见或想法的确立、执行、转换和实现。分布数据管理(DDM)支持远程用户临时访问和使用DOORS的所有功能。然后再离线工作，并且远程用户可以将数据更新到主数据库中，这使得那些异地的团队成员和子承包商可以方便地合作开发和沟通。

(3)验证：DOORS为用户提供了无限制关系的、多级的、用户可自定制的跟踪能力，例如：需求到测试、需求到设计、设计到代码、需求到任务和项目计划到角色。DOORS的跟踪向导可以如同需求那样跨多级地生成连接报告，并且在相同的视图中显示——提供fool-proof周期确认和验证。

3. DOORS的特点

(1)文档与属性可以在单一视图中显示。

(2)支持电子签名。

(3)在文档中可以看到可疑的链接。

(4)可以同时打开多个项目文件。

(5)可以以文件管理方式(文件夹，目录树)浏览数据库，不限制层次。

(6)可进行并行项目管理。

(7)可定制的视图，包括：链接指针，跟踪，表格计算，变更工具条筛选等。

2.3 软件需求实验

1. 实验目标

(1)掌握软件需求分析的作用和目的。

(2)掌握软件需求分析的方法和工具。

(3)掌握需求分析说明书的基本格式。

(4)确定实验题目并撰写需求分析报告。

2. 实验内容

(1)了解需求分析的作用和目的。

(2)实验老师讲解实验软件环境中的软件工具的使用方法。

(3)了解用例建模方法的步骤和注意事项。

(4)小组完成系统用例建模。

(5)撰写软件需求分析说明书。

(6)小组完成项目开发环境的部署。

3. 实验要求

(1)用户需求的描述，采用用例文档来记录。

(2)描述系统的业务需求，包括功能需求和性能需求。

(3)画用例图，修正用例模型。

4. 实验模板

需求分析文档模板：

需求分析规格说明书

1 引言

提供系统功能和范围，以及提供这些功能开发的理由、范围和对开发上下文的参考。引言还包括目标和项目终止的准则。

(1)系统目标。

(2)系统范围。

(3)项目的目标和成功标准。

(4)定义、首字母缩写词。

(5)参考书目。

(6)总结。

2 当前系统

描述当前事务情况。如果新系统将代替现有系统，该节将描述现存系统的功能和范围。否则，该节描述新系统的目标。

3 建议的系统

用户对获取的需求文档化，并建立新系统的模型。该节包括以下4个内容。

(1)概述：描述未来系统的总体功能。

(2)功能性需求：描述系统的高层功能。

(3)非功能性需求：描述与系统功能无直接关系的用户需求。包括可用性、可靠性、性能、可支持性、接口、打包和合法性。

(4)对需求建模：把需求形式化。

这一节包括了完全的功能性规格说明和系统的实验性用户界面。

3.1 概述

3.2 功能性需求

3.3 非功能性需求

3.3.1 可用性

3.3.2 可靠性

3.3.3 功能

3.3.4 可支持性

3.3.5 接口

3.3.6 打包

3.3.7 合法性

3.4 对需求建模

3.4.1 场景

3.4.2 用例模型

3.4.3 建立对象模型(类图或对象图)

3.4.4 建立动态模型(顺序图，或通信图，或状态图)

3.4.5 用户接口搜索(路径和屏幕实验模型)

2.4 实验案例

现在给出书中实例“研究生教学管理系统”项目需求规格说明书。

研究生教学管理系统需求规格说明书

1 引言

研究生教学管理系统需求规格说明书旨在详细描述系统功能需求和一些非功能需求，明确系统需求边界。文档分为以下4部分。

(1)引言部分：描述了项目的编写目的和范围，并对文档中使用到的术语进行了说明，还列出了本文档所使用的参考文献和相关文档。

(2)任务概述部分：对系统进行了简要的描述。

(3)需求规定部分：对系统从功能要求、安全性、性能、数据管理及其处理等几方面进行阐述。

(4)运行环境规定部分：对系统运行所需要的设备、支持的软件以及接口方面做了详细描述。

1.1 编写目标

研究生教学管理系统需求规格说明书的目标：本说明书将要说明系统在技术上的具体需求，要实现的具体功能，指出实现系统的方法与途径，为后来的各项工作的进行起指导作用。

研究生教学管理系统需求规格说明书的预期读者：

(1)对相关业务技术和总体方案做决策的管理人员和质量管理人员。

(2)对本研究生教学管理系统需求规格说明书进行评审和确认的有关业务、技术人员。

(3)参加概要设计和详细设计阶段工作的全体设计人员。

(4)教务管理系统项目组，其他有权需要调用本文档的人员。

1.2 背景

项目名称：研究生教学管理系统。

项目任务提出者：西北工业大学研究生院。

项目任务开发者：西北工业大学软件与微电子学院。

项目用户：西北工业大学的所有教学管理人员。

项目与其他软件、系统的关系：教学管理系统采用eclipse作为开发平台，用SQL Server 2005作数据库开发，能够在Windows系列的操作系统中，与Internet良好兼容，且系统可维护性、可移植性良好，界面友善，充分考虑到教务管理的实际工作情况，能够满足用户对教务管理的所有需求。

1.3 定义

(1)SQL Server 2005：系统服务器所使用的数据库管理系统(DBMS)。

(2)SQL:一种用于访问查询数据库的语言。

(3)事务流:数据进入模块后可能有多种路径进行处理。

(4)主键:数据库表中的关键域,值互不相同。

(5)外部主键:数据库表中与其他表主键关联的域。

(6)ROLLBACK:数据库的错误恢复机制。

1.4　参考文献

[1]　David C Hey. 需求分析. 北京:清华大学出版社,2003.

[2]　Kovitz, Benjamin L. 实用软件需求. 北京:机械工业出版社,2005.

[3]　Maciaszek, Leszek A. 需求分析与系统设计. 北京:机械工业出版社,中信出版设,2003.

[4]　Len Bass. 软件架构实践. 北京:清华大学出版社,2004.

2　任务概述

2.1　目标

软件要实现以下基本功能:

(1)用户登录。

(2)学生基本信息管理。

(3)成绩管理。

(4)课程管理。

本软件是一个独立开发的软件,全部内容自含,与其他任何软件无冲突,可以很好地与其他软件兼容。

2.2　用户特点

使用本系统的用户为与教务管理有关的人员。用户学历均在本科及本科以上水平,能熟练运用 Office 等应用软件,能快速掌握本系统的使用方法。预期本软件被采用之后,将在 1 分钟内接受 5 000 人次的访问量。

2.3　假定和约束

(1)方针:通过软件工程的正规开发流程去开发和管理项目。

(2)硬件的限制:CPU 主频不低于 1.5GHz,内存不少于 256MB,硬盘容量不少于 20GB,各种基本输入/输出设备能相互兼容,支持 Windows 操作系统。

(3)开发经费:4～6 万元人民币。

(4)开发期限:6～10 个月。

(5)审查功能:一周两次评审。

(6)控制功能:能应对各类突发事件,并给出用户提示和进行相应操作。

(7)所需的高级语言:Java。

(8)安全保密性:项目级保密。

2.4　测试用例

研究生教学管理系统测试用例图如图 1 所示。

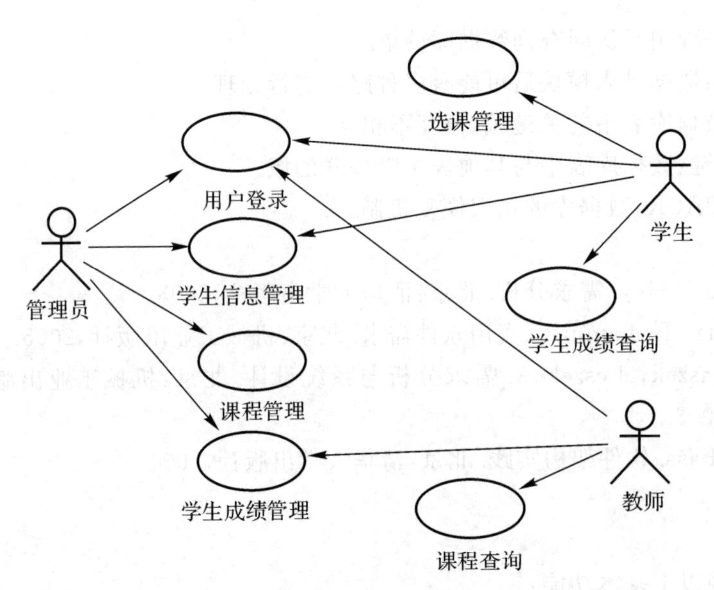

图1　测试用例图

2.5　用例规约

(1)登录用例。

用例名:登录。

参与执行者:主管教师/任课教师/学生。

前提条件:用户从管理员那里获得学号(教师号)和密码。

主事件:

1)用户输入学号(教师号)。

2)用户输入密码。

3)用户选择登录。

后置条件:用户登录。

异常事件:如果学号(教师号)和密码不正确,系统会提醒用户。

(2)学生基本信息管理用例。

用例名:学生基本信息维护。

参与执行者:主管教师/学生。

前提条件:学生/主管教师已经登录到该系统。

主事件:

1)输入需要查询学生的学号。

2)显示学生基本信息。

3)对基本信息进行修改。

4)保存修改。

5)修改成功。

后置条件:系统将数据库中的信息进行相应操作。

异常事件:输入的学号不存在,提示您输入的学号不存在。

3　需求规定

要描述本软件在设计时的全部需求，并对每一需求细节作出具体描述，包括功能需求，非功能需求，性能需求，数据的输入、加工和处理，数据管理能力，故障处理等。以学生成绩查询模块为例，其功能需求及非功能需求分析如下：

3.1　对功能的规定

学生成绩查询时用户需要填的数据见表1。

表1　学生成绩查询数据要求

所填选项	数据类型	数据长度	数据要求
学生学号	字符串	12位	只能是数字

填写学生学号，点击“查询”，将会进入系统主页；若查询失败，则弹出对话框提示此学生不存在，并让用户重新查询。

3.2　对性能的规定

3.2.1　精度

用户需要填写的所有数据的精度见表2。

表2　用户需要填写的所有数据的精度

所填选项	数据类型	数据长度	数据要求
学号	字符串	12位	字符串
姓名	字符串	2～4位	字符串
性别	字符串	1位	只能为“男”或“女”
年级	字符串	2位	只能选择“05”或“06”
班级	字符串	2位	只能为01到07的数字
微积分成绩	浮点型	1～4位	只能为0到100的数字
英语成绩	浮点型	1～4位	只能为0到100的数字
复变函数	浮点型	1～4位	只能位0到100的数字
Java语言导学	浮点型	1～4位	只能位0到100的数字

3.2.2　时间特性要求

(1)响应时间：不得大于3s。

(2)更新处理时间：不得大于5s。

(3)数据的转换和传送时间：不得多于5s。

3.2.3　灵活性

(1)操作方式上的变化：点击“确认”键，既可用鼠标也可敲键盘的回车键。

(2)运行环境的变化：既可以在Windows 2003上运行，也能在Windows XP和Windows 7上运行。

(3)同其他软件的接口的变化：提供多种接口。

(4)计划的变化或改进：对开发进度可适当提前。

3.2.4 安全性和可维护性

该软件可以有效地防止病毒入侵,系统可以在满足硬件需求的条件下稳定地运行,不会出现系统崩溃或数据丢失等情况。

同时,本软件可随时根据用户需求的变化而快速更新,满足用户不断增长的需求,可维护性强。

3.2.5 可用性和可移植性

该软件可在 Windows 系列的操作系统中稳定地运行。

3.3 数据管理能力要求

此软件要管理的数据大小如下:

(1)文件和记录数为 10 000 条左右。

(2)表有 7 个。

(3)数据增长大概为 50 000 条记录/d。

(4)存储容量为 100 000 条记录。

3.4 故障处理要求

对用户用此软件所遭遇的各类突发事件均有相应的处理:

(1)电脑突然死机或关机时,系统会保存用户已提交的数据,对未提交的数据不作处理。

(2)电脑中毒时,数据不会产生冗余或丢失。

3.5 用户相关操作

用户输入数据,可用键盘进行输入,点击按钮可用鼠标或 TAB 键与回车键结合,无需用户进行特殊操作。

3.6 其他专门要求

(1)保密性:项目级。

(2)是否方便用户操作:是。

(3)是否可维护:是。

(4)是否可补充:是。

(5)对运行环境是否有特殊要求:否。

4 运行环境规定

4.1 设备

(1)运行该软件所需要的硬件设备:PC、数据库服务器、网络服务器。

(2)处理器及内存容量:处理机主频不少于 1.5GHz,内存容量不低于 256MB。

(3)外存容量不少于 20GB,可联机操作,也可脱机操作。

(4)输入及输出设备的型号和数量:显示器、鼠标、键盘等若干。

(5)数据通信设备的型号和数量:路由器一个。

(6)功能键及其他专用硬件:无专用硬件。

4.2 支持软件

操作系统:Windows 2003,Windows XP, Windows 7。

编译程序:Java 的编译程序。

支持软件:SQL Server 2005,Java 虚拟机。

4.3　接口

4.3.1　用户接口

(1)接受学生信息采用文本框的格式让用户填写。

(2)用按钮的方式方便用户确认和转换页面。

(3)采用对话框的方式提示用户操作。

(4)采用表格、图片的方式方便用户浏览。

4.3.2　硬件接口

采用 USB 接口方式与外部设备相连接。

4.3.3　软件接口

本软件使用 eclipse 做设计开发平台,在 Windows 操作平台下运行,可与各类应用软件很好兼容。

4.3.4　通信接口

与各种网络协议不冲突。

4.4　控制

该软件可对用户输入的数据进行及时处理,并对用户的操作给出提示,以此得到本软件所需要的控制信号。

第3章 结构化分析与设计

3.1 软件概要设计

3.1.1 基础理论与方法

1. 概要设计的任务

概要设计也称总体或初步设计，基本目的是用比较抽象概括的方式确定系统如何完成预定的任务，确定系统的物理配置方案，确定组成系统的每个程序的结构。概要设计主要由两个阶段组成，首先进行系统设计或方案设计，从数据流图出发设想完成系统功能的若干种合理的物理方案，仔细分析和比较这些方案，并且和用户共同选定一个最佳方案。然后进行软件的结构设计，确定软件由哪些模块组成及这些模块之间的动态调用关系。层次图和结构图是描述软件结构的常用工具。

概要设计的主要任务是把需求分析得到的数据流图转换为软件结构和数据结构。设计软件结构的具体任务是：将一个复杂系统按功能进行模块划分、建立模块的层次结构及调用关系、确定模块间的接口及人机界面等。数据结构设计包括数据特征的描述、数据结构特性的确定和数据库的设计。显然，概要设计建立的是目标系统的逻辑模型，与计算机无关。

概要设计的输入是需求规格说明书，输出是概要设计说明书。概要设计说明书要求覆盖需求规格说明书的全部内容，注重描述宏观上的架构设计，包括软件系统的总体结构设计、数据库设计、外部接口设计、功能部件分配设计、部件之间接口设计等。

2. 概要设计的过程

概要设计由两部分组成：一部分先进行系统设计，复审系统计划与需求分析，确定系统具体的实施方案；另外一部分进行结构设计，确定软件结构。步骤如下：

(1)设计系统方案。概要设计的出发点是分析阶段提供的用数据流图描述的逻辑模型，经过分析阶段，产生一系列可供选择的方案。

(2)选取最佳的方案。分析各方案的优缺点，选出最佳方案，并作出详细的进度计划，经过用户与专家的审核，然后提交使用部门负责人审批，审批接受这个最佳方案后，才能进入软件结构设计。

(3)功能分解。对于软件结构设计，先要把一个复杂的功能分解成一些简单功能，要按照模块划分独立性原则，使划分出来的模块简单易懂。

(4)软件结构设计。功能分解后，使用层次图、结构图来描述模块的层次结构，即反映软件结构。

(5)数据库设计与文件结构设计。根据数据要求确定系统的数据结构、文件结构，再进一步进行数据库的模式设计，确定数据库物理数据的结构约束。再进行数据库子模式设计，设计用户使用的数据视图。

(6)制订测试计划。这个阶段的测试计划指黑盒测试计划,只需要制订软件整体功能的测试计划与用例,不需要制订软件内部模块的测试计划与用例。

(7)编写概要设计文档。概要设计文档的主要内容包括系统说明、用户手册、测试计划、详细项目开发计划、数据库设计结果。

(8)审查与复审概要设计文档。根据概要设计的结果,修改在需求分析阶段产生的初步用户手册。

3.面向数据流的设计方法

结构化设计属于面向数据流的设计方法。面向数据流的设计方法是一种系统设计方法,数据流从系统的输入端流向输出端,经过一系列的变换或处理,这个过程用数据流图来描述,就是软件系统的逻辑模型。面向数据流的设计的任务,就是在需求分析的基础上,把数据流图转化为软件系统的结构,软件的结构用结构图来描述。

实现从数据流图到结构图的映射的步骤如下:

(1)复审数据流图,需要时可以进行修改和细化。

(2)根据数据流图所标示的软件结构系统的结构特征,确定软件结构是属于变换型还是事务型。

(3)按照结构化设计方法的规则,把数据流图映射为初始的结构图。

(4)细化、改进初始的结构图,获得进一步的结构图。

在面向数据流的设计方法中,信息流的类型决定了映射的方法,信息流主要有两种类型,分别是变换流和事物流,分别对应着变换分析和事物分析。信息沿着输入通路进入系统,同时由外部形式变换成内部形式,进入系统的信息经过变换中心加工处理后,再沿输出通路变换成外部形式离开软件系统,这种信息流就叫作变换流。事务性结构至少由一条接收路径、一个事务中心、若干条动作路径组成,将这类数据流称为事物流。

变换分析是一系列设计步骤的总称,经过这些步骤把具有变换流特点的数据流图按预先确定的模式映射成软件结构。变换分析的主要步骤如下:

(1)复查基本系统模型。

(2)复查并精化数据流图,确保数据流图给出正确的逻辑模型,使数据流图中每个处理都代表一个规模适中、相对独立的子功能。

(3)确定数据流图具有变换特性和事物特性。

(4)划分数据流图的边界。确定输入流和输出流的边界,孤立出变换中心。

(5)建立初始数据流图框架并分解数据流图的各个分支。

(6)使用设计度量和启发式规则对第一次分割得到的结构软件进一步精化。

虽然在任何情况下都可以使用变换分析方法设计软件结构,但当数据流具有明显的事务特点时,还是采用事物分析方法为宜。事物分析的基本步骤如下:

(1)在数据流图上确定事务中心、接收部分和发送部分。

(2)画出数据流图框架,把数据流图的三个部分分别映射为事务控制模块、接收模块和发送模块。

(3)分解和细化接收分支和发送分支,完成初始的数据流图。

实务分析的设计步骤与变换分析的设计步骤大体相同,主要区别在于由数据流图到软件结构的映射方法不同。

4. 面向数据结构的设计方法

(1)Jackon 系统开发方法。

(2)Warnier 方法。

3.1.2 实验软件与工具

软件设计都是从建模开始的,设计者通过创建模型和设计蓝图来描述系统的结构,建模的意义重大,模型的作用就是使复杂的信息关联简单易懂,使用户容易洞察复杂原始数据背后的规律,并能有效地将系统需求映射到软件结构上去。常用的建模工具有 Rational Rose, Microsoft Office Visio,PowerDesign,这里主要介绍 Microsoft Office Visio。

Microsoft Office Visio 是微软公司出品的一款软件,它有助于 IT 和商务专业人员轻松地可视化、分析和交流复杂信息。它能够将难以理解的复杂文本和表格转换为一目了然的 Visio 图表。该软件通过创建与数据相关的 Visio 图表(而不使用静态图片)来显示数据,这些图表易于刷新,并能够显著提高生产率。使用 Office Visio 中的各种图表可了解、操作和共享企业内组织系统、资源和流的有关信息。

Office Visio 提供了各种模板:业务流程的流程图、网络图、工作流图、数据库模型图和软件图,这些模板可用于可视简化业务流程、跟踪项目和资源、绘制组织结构图、映射网络、绘制建筑地图以及优化系统。

3.1.3 概要设计实验

1. 实验目标

(1)掌握项目进行概要设计及实现的基本方法。

(2)学习使用绘图工具绘制系统框架图和数据流图。

(3)掌握软件概要设计文档的撰写。

2. 实验内容

(1)通过分析需求分析文档,划分出系统的组成元素,例如程序、文件、数据库等。

(2)设计系统框架,即确定系统中的每个系统是由哪些模块组成的,每个模块的功能及模块和模块之间的接口、调用关系等,但所有的模块都不涉及内部过程的细节。

(3)通过在需求分析阶段得到的数据,绘制数据流图,用以描述信息在系统中的加工和流动情况。

(4)使用 Visio 或其他绘图软件绘制系统框架图和数据流图,并撰写软件概要设计文档。

3. 实验要求

完成软件概要设计说明书,包含系统框架图和数据流图。

4. 实验模板

概要设计说明书模板:

概要设计说明书

1 引言

1.1 编写目的

说明编写这份概要设计说明书的目的，指出预期的读者。

1.2 背景

说明：

(1)待开发软件系统的名称。

(2)列出此项目的任务提出者、开发者、用户以及将运行该软件的计算站(中心)。

1.3 定义

列出本文件中用到的专门术语的定义和外文首字母组词的原词组。

1.4 参考文献

列出有关的参考文件：

(1)本项目经核准的计划任务书或合同，上级机关的批文。

(2)属于本项目的其他已发表文件。

(3)本文件中各处引用的文件、资料，包括所要用到的软件开发标准。列出这些文件的标题、文件编号、发表日期和出版单位，说明这些文件资料的来源。

2 总体设计

2.1 需求规定

说明对本系统的主要的输入/输出项目、处理的功能、性能要求。

2.2 运行环境

简要地说明对本系统的运行环境(包括硬件环境和支持环境)的规定。

2.3 基本设计概念和处理流程

说明本系统的基本设计概念和处理流程，尽量使用图表的形式。

2.4 结构

用一览表及框图的形式说明本系统的系统元素(各层模块、子程序、公用程序等)的划分，扼要说明每个系统元素的标识符和功能，分层次地给出各元素之间的控制与被控制关系。

2.5 功能需求与程序的关系

说明各项功能需求的实现同各块程序的分配关系(见表1)。

表1 各项功能需求的实现同各块程序的分配关系

	程序1	程序2	……	程序 n
功能需求1	√			
功能需求2		√		
……				
功能需求 n		√		√

2.6　人工处理过程

说明在本软件系统的工作过程中不得不包含的人工处理过程(如果有的话)。

2.7　尚未解决的问题

说明在概要设计过程中尚未解决而设计者认为在系统完成之前必须解决的各个问题。

3　接口设计

3.1　用户接口

说明将向用户提供的命令和它们的语法结构,以及软件的回答信息。

3.2　外部接口

说明本系统同外界的所有接口的安排,包括软件与硬件之间的接口、本系统与各支持软件之间的接口关系。

3.3　内部接口

说明本系统之内的各个系统元素之间的接口的安排。

4　运行设计

4.1　运行模块组合

说明对系统施加不同的外界运行控制时所引起的各种不同的运行模块组合,说明每种运行所历经的内部模块和支持软件。

4.2　运行控制

说明每一种外界的运行控制的方式方法和操作步骤。

4.3　运行时间

说明每种运行模块组合将占用各种资源的时间。

5　系统数据结构设计

5.1　逻辑结构设计要点

给出本系统内所使用的每个数据结构的名称、标识符以及它们之中每个数据项、记录、文卷和系的标识、定义、长度及它们之间的层次的或表格的相互关系。

5.2　物理结构设计要点

给出本系统内所使用的每个数据结构中的每个数据项的存储要求、访问方法、存取单位、存取的物理关系(索引、设备、存储区域)、设计考虑和保密条件。

5.3　数据结构与程序的关系

说明各个数据结构与访问这些数据结构的形式。

6　系统出错处理设计

6.1　出错信息

用一览表的方式说明每种可能的出错或故障情况出现时,系统输出信息的形式、含义及处理方法。

6.2　补救措施

说明故障出现后可能采取的变通措施:

(1)后备技术说明是说明准备采用的后备技术,当原始系统数据丢失时启用的副本建立和启动的技术,例如周期性地把磁盘信息记录到磁带上去就是对于磁盘媒体的一种后备技术。

(2)降效技术说明是说明准备采用的降效技术,使用另一个效率稍低的系统或方法来求得所需结果的某些部分,例如一个自动系统的降效技术可以是手工操作和数据的人工记录。

(3)恢复及再启动技术说明是说明将使用的恢复再启动技术,使软件从故障点恢复执行或使软件从头开始重新运行的方法。

6.3　系统维护设计

说明为了系统维护的方便而在程序内部设计中作出的安排,包括在程序中专门安排用于系统的检查与维护的检测点和专用模块。

3.1.4　实验案例

现在给出书中实例“研究生教学管理系统”项目概要设计说明书。

研究生教学管理系统概要设计说明书

1　引言

1.1　编写目的

概要设计说明书编制的目的是:说明对程序系统的设计与考虑,包括程序系统的基本处理流程、程序系统的组织结构、模块划分、功能分配、接口设计、运行设计、数据结构设计和出错处理设计等,为程序的详细设计提供基础。

本软件概要说明书的读者是系统开发人员或合同约定人员。

1.2　背景

(1)系统的名称:研究生教学管理系统。

(2)项目任务提出者:西北工业大学研究生院。

(3)项目任务开发者:西北工业大学软件与微电子学院。

(4)项目用户:西北工业大学的教学管理人员、教师与学生。

1.3　定义

(1)数据流图:简称 DFD,它从数据传递和加工角度,以图形方式来表达系统的逻辑功能、数据在系统内部的逻辑流向和逻辑变换过程,是结构化系统分析方法的主要表达工具及用于表示软件模型的一种图示方法。

(2)数据字典:是指对数据的数据项、数据结构、数据流、数据存储、处理逻辑、外部实体等进行定义和描述,其目的是对数据流图中的各个元素做出详细的说明。

更多的术语定义不再一一列出。

1.4　参考文献

[1]　张海藩.软件工程导论.北京:清华大学出版社,2008.

[2]　王珊.数据库系统原理教程.北京:高等教育出版社,2006.

2　总体设计

2.1　需求规定

本部分简单概括系统的需求,功能划分为以下几部分。

(1)系统管理。

(2)学生基本信息管理。

(3)成绩管理。

(4)课程管理。

学生教学管理信息系统的技术总体目标是应用先进的计算机网络与数据技术为教学工作中的管理提供稳定、安全、可靠的信息化服务,具体技术上将达到以下要求。

(1)先进性。采用先进、成熟的计算机软硬件技术,保障系统能够最大限度地适应今后技术和业务发展的需要。软件结构应实现层次化、模块化、平台化,统一规范,同时采用先进的现代管理技术,以保证系统的科学性。

(2)开放性。系统将采用具备优良性价比的开放式软硬件平台;网络体系结构支持多种通信协议、数据库;采用通用开发语言工具;对用户操作平台采用主流的B/S结构。

(3)可靠性。可靠性包括系统的稳定性和数据的可靠性。

系统的稳定性需求包括:满足7×24小时的运行需要,发生局部硬件、网络和软件故障时有相应的旁路技术和容错技术,任意单点故障都不影响整个系统的运行。

数据可靠性需求包括:保证本地备份数据和实时交易数据的一致性,发生局部故障时,数据不损失,发生重大事故时,备份数据可以在规定的时限内恢复。

(4)高效性。系统的设计要具有大规模的业务并发处理能力,数据的处理和传送也可采用批量处理的形式。即使在日终数据备份和批量处理的时候也可以照常办理业务。

(5)可用性。可用性包括系统正常情况下的可用性和系统发生改变时的可用性。

正常情况下应用软件应安装简单、易于操作、界面友好,数据处理工作简单、方便、快捷。业务流程清晰,符合习惯,系统维护方便,备份及数据恢复快捷简单。

同时要在对硬件、软件及应用进行调整时不影响原有业务的实现。

(6)可扩展性。高可扩展性指两方面:一方面通过扩充主机、CPU、磁盘、内存等硬件可以提高性能指标,通过扩充网络可以排除阻塞、拥挤和超时;另一方面通过系统开放式体系架构、模块化、参数化以及组件技术,对业务量、业务种类的扩展,与其他机构连接的扩展,系统功能扩展等都能提供足够的支持,缩短系统实施周期。

(7)可管理性。可管理性指系统应具备对主机、网络、数据库、应用等情况进行监控、管理和调度;对系统自身所有的和流经系统的信息、参数、文件进行统一的管理和控制。可管理性包括正常情况下的可管理性和系统发生改变时的可管理性。

2.2 运行环境

设备:

(1)运行该软件所需要的硬件设备:PC、数据库服务器、网络服务器。

(2)处理器及内存容量:处理机主频不少于1.5GHz,内存容量不低于256MB。

(3)外存容量不少于20GB,可联机操作也可脱机操作。

(4)输入及输出设备的型号和数量:显示器、鼠标、键盘等若干。

(5)数据通信设备的型号和数量:路由器一个。

(6)功能键及其他专用硬件:无专用硬件。

支持软件:

操作系统:Windows 2003,Windows XP, Windows 7。

编译程序:Java 的编译程序。

支持软件:SQL Server 2005,Java 虚拟机。

2.3　基本设计概念和处理流程

研究生教学管理系统数据流图如图 1 所示。

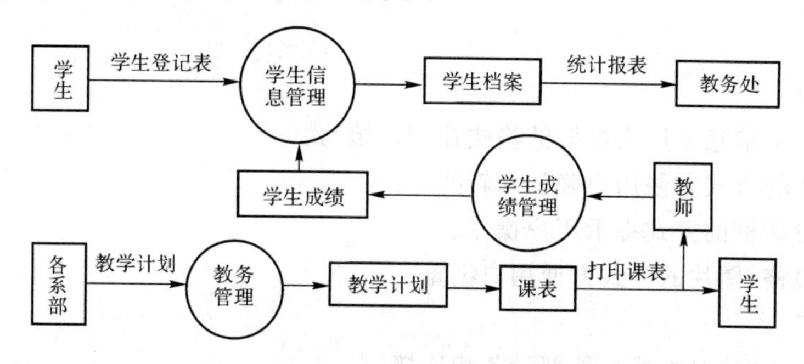

图 1　研究生教学管理系统数据流图

学生信息管理子系统数据流图如图 2 所示。

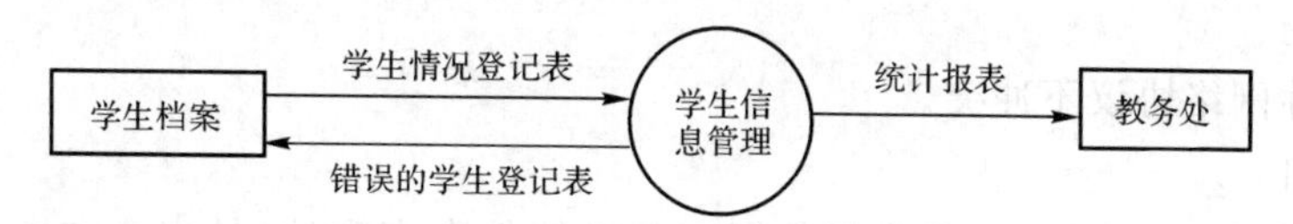

图 2　学生信息管理子系统数据流图

成绩管理子系统数据流图如图 3 所示。

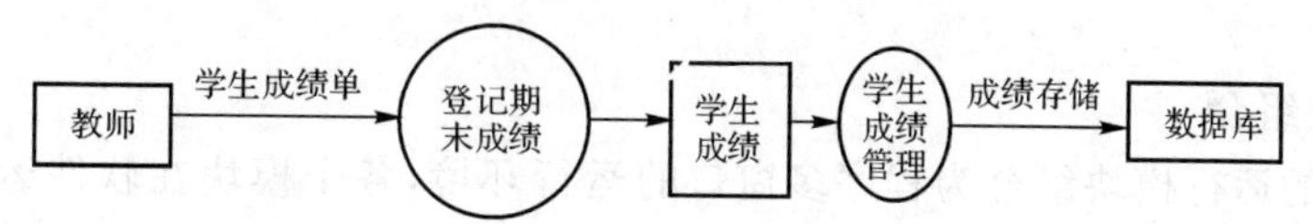

图 3　成绩管理子系统数据流图

2.4　结构

系统结构图如图 4 所示。

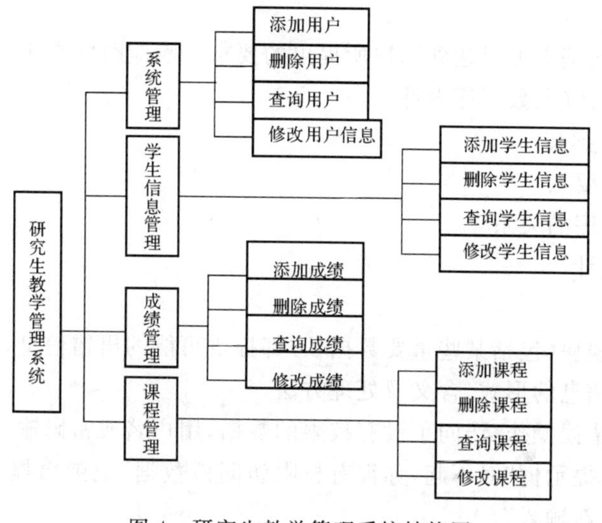

图 4　研究生教学管理系统结构图

2.5　功能需求与程序的关系(略)

2.6　人工处理过程

无

2.7　尚未解决的问题

无

3　接口设计

3.1　用户接口

(1)接受学生信息采用文本框的格式让用户填写。

(2)用按钮的方式方便用户确认和转换页面。

(3)采用对话框的方式提示用户操作。

(4)采用表格、图片的方式方便用户浏览。

3.2　外部接口

(1)采用USB接口方式与外部设备相连接。

(2)本软件使用eclipse做设计开发平台,在Windows操作平台下运行,可与各类应用软件很好兼容。

(3)与各种网络协议不冲突。

3.3　内部接口

由于系统的各种内部接口是借助数据库开发软件来实现的,是完全在数据库内部操作的,故在此略过此内容。

4　运行设计

4.1　运行模块组合

具体软件的运行模块组合为程序多窗口的运行环境,各个模块在软件运行过程中能较好地交换信息,处理数据。

4.2　运行控制

说明每一种外界的运行控制的方式方法和操作步骤。

4.3　运行时间

系统的运行时间基本可以达到用户所提出的要求。响应时间在1～2s。

5　系统数据结构设计(见数据库设计)

5.1　逻辑结构设计要点

5.2　物理结构设计要点

5.3　数据结构与程序的关系

6　系统出错处理设计

6.1　出错信息

系统对每一个模块(包括某些重要数据项)都提供可能的出错信息,若出现错误,以对话框的方式输出错误信息的形式、含义及处理方法。

(1)故障情况:错误操作,访问了没有权限的数据,用户名或密码输入有误。

系统输出:弹出提示框“对不起,你没有权限访问该数据”或弹出提示框“您输入的用户名或密码有误,请重新输入”。

处理方法:重新输入正确的用户名或密码。

(2)故障情况:管理员输入数据类型不符。

系统输出:弹出提示框"请输入正确格式的数据"。

处理方法:重新输入正确的数据类型。

6.2　补救措施

由于数据在数据库中已经有备份,故在系统出错后可以依靠数据库的恢复功能,并且依靠日志文件使系统再启动,就算系统崩溃,用户数据也不会丢失或遭到破坏,但有可能占用更多的数据存储空间,权衡措施由用户来决定。系统软件出错很容易在出错日志里看到,我们对可能发生的错误会有一个错误编号以及相应的处理方式,以手册的方式提供。用户可以根据系统的提示信息进行相应的排错处理。建立系统运行日志,用于记录系统在运行过程中出现的可以预知的或无法判断的系统错误信息。硬件的出错处理需要检查网络环境。

6.3　系统维护设计

由于系统较小,没有外加维护模块,因此维护工作比较简单,仅靠数据库的一些基本维护措施即可。但为便于维护,应该设计3种日志:系统运行日志、操作日志、出错日志。这3种日志根据不同的重要程度采取存放在文件和数据库的方式,系统管理员可以很轻松地监控系统运行情况,数据表的建立和删除由数据库系统管理员予以维护。

3.2　软件数据库设计

3.2.1　基础理论与方法

数据库设计是指对于一个给定的应用环境,构造最优的数据库模式,建立数据库及其应用系统,使之能够有效地存储数据,满足各种用户的应用需求。数据库设计分为需求分析、概念设计、逻辑设计、物理设计、数据库实施和数据库运行与维护6个阶段。

1.需求分析

进行数据库设计首先必须准确了解与分析用户需求,包括数据与处理需求。需求分析是整个设计过程的基础,是最困难、最耗时的一步。作为"地基"的需求分析是否做得充分与准确,决定了在其上构建"数据库大厦"的速度与质量。需求分析做得不好,可能会导致整个数据库重新设计,因此,这项工作务必引起高度重视。

2.概念设计

在概念设计阶段,设计人员仅从用户角度看待数据及其处理要求和约束,产生一个反映用户观点的概念模式,也称为"组织模式"。概念模式能充分反映现实世界中实体间的联系,它是各种基本数据模型的共同基础,且易于向关系模型转换。这样做有以下好处:

(1)数据库设计各阶段的任务相对单一化,降低了设计复杂程度,便于组织管理。

(2)概念模式不受特定DBMS的限制,也独立于存储安排,因此比逻辑设计得到的模式更为稳定。

(3)概念模式不含具体的DBMS所附加的技术细节,更容易为用户所理解,因而能准确地反映用户的信息需求。

概念设计是整个数据库设计的关键，它通过对用户需求进行综合、归纳与抽象，形成一个独立于具体DBMS的概念模型。如采用基于E－R模型的数据库设计方法，该阶段即将所设计的对象抽象成E－R模型；如采用用户视图法，则应设计出不同的用户视图。

E－R图也称实体-联系图(Entity Relationship Diagram)，提供了表示实体类型、属性和联系的方法，用来描述现实世界的概念模型。在E－R图中有以下4个成分。

矩形框：表示实体，在框中记入实体名。

菱形框：表示联系，在框中记入联系名。

椭圆形框：表示实体或联系的属性，将属性名记入框中。对于主属性名，则在其名称下画一下画线。

连线：实体与属性之间，实体与联系之间，联系与属性之间用直线相连，并在直线上标注联系的类型(对于一对一联系，要在两个实体连线方向各写1；对于一对多联系，要在一的一方写1，多的一方写N；对于多对多关系，则要在两个实体连线方向各写N，M。

E－R图的作图步骤：

(1)确定所有的实体集。

(2)选择实体集应包含的属性。

(3)定实体集之间的联系。

(4)定实体集的关键字，用下画线在属性上表明关键字的属性组合。

(5)确定联系的类型，在用线将表示联系的菱形框联系到实体集时，在线旁注明是1或N(多)来表示联系的类型。

E－R图的设计步骤：

(1)调查分析。选择局部应用在需求分析阶段，通过对应用环境和要求进行详尽的调查分析，用多层数据流图和数据字典描述整个系统。

设计分E－R图的第一步，就是要根据系统的具体情况，在多层的数据流图中选择一个适当层次的(经验很重要)数据流图，让这组图中每一部分对应一个局部应用，即可以以这一层次的数据流图为出发点，设计分E－R图。一般而言，中层的数据流图由能较好地反映系统中各局部应用的子系统组成，因此人们往往以中层数据流图作为设计分E－R图的依据。

接下来逐一设计分E－R图。每个局部应用都对应了一组数据流图，局部应用涉及的数据都已经收集在数据字典中了。现在就是要将这些数据从数据字典中抽取出来，方法如下：

1)标定局部应用中的实体。现实世界中一组具有某些共同特性和行为的对象就可以抽象为一个实体。对象和实体之间是具体与抽象的关系。例如在学校环境中，可以把张三、李四、王五等对象抽象为学生实体。对象类型的组成成分可以抽象为实体的属性。组成成分与对象类型之间是部分与整体的关系。例如学号、姓名、专业、年级等可以抽象为学生实体的属性。其中学号为标识学生实体的码。

2)实体的属性、标识实体的码。实际上实体与属性是相对而言的，很难有截然划分的界限。同一事物，在一种应用环境中作为“属性”，在另一种应用环境中就必须作为“实体”。一般说来，在给定的应用环境中：①属性不能再具有需要描述的性质，即属性必须是不可分的数据项。②属性不能与其他实体具有联系，联系只发生在实体之间。

3)确定实体之间的联系及其类型($1:1$，$1:N$，$M:N$)。根据需求分析，要考察实体之间是否存在联系，有无多余联系。

(2)合并生成。各分E-R图之间的冲突主要有3类：属性冲突、命名冲突和结构冲突。属性冲突：属性域冲突，即属性值的类型、取值范围或取值集合不同，例如属性“零件号”有的定义为字符型，有的定义为数值型；属性取值单位冲突，例如属性“重量”有的以克为单位，有的以千克为单位。命名冲突：同名异义，不同意义对象相同名称；异名同义(一义多名)。结构冲突：同一对象在不同应用中具有不同的抽象；例如“课程”在某一局部应用中被当作实体，而在另一局部应用中则被当作属性；同一实体在不同局部视图中所包含的属性不完全相同，或者属性的排列次序不完全相同；实体之间的联系在不同局部视图中呈现不同的类型。例如实体E1与E2在局部应用A中是多对多联系，而在局部应用B中是一对多联系；又如在局部应用X中E1与E2发生联系，而在局部应用Y中E1,E2,E3三者之间有联系。解决方法是根据应用的语义对实体联系的类型进行综合或调整。

(3)修改重构。分E-R图经过合并生成的是初步E-R图。之所以称其为初步E-R图，是因为其中可能存在冗余的数据和冗余的实体间联系，即存在可由基本数据导出的数据和可由其他联系导出的联系。冗余数据和冗余联系容易破坏数据库的完整性，给数据库维护增加困难，因此得到初步E-R图后，还应当进一步检查E-R图中是否存在冗余，如果存在，应设法予以消除。修改、重构初步E-R图以消除冗余，主要采用分析方法。除此外，还可以用规范化理论来消除冗余。

3.逻辑设计

逻辑设计阶段的任务是将概念设计阶段得到的基本E-R图，转换为与选用的DBMS产品所支持的数据模型相符合的逻辑结构。如采用基于E-R模型的数据库设计方法，该阶段就是将所设计的E-R模型转换为某个DBMS所支持的数据模型；如采用用户视图法，则应进行表的规范化，列出所有的关键字以及用数据结构图描述表集合中的约束与联系，汇总各用户视图的设计结果，将所有的用户视图合成一个复杂的数据库系统。

4.物理设计

数据库的物理结构主要指数据库的存储记录格式、存储记录安排和存取方法。数据库物理设计是为逻辑数据模型选取一个最适合应用环境的物理结构，包括存储结构和存取方法。显然，数据库的物理设计完全依赖于给定的硬件环境和数据库产品。在关系模型系统中，物理设计比较简单，因为文件形式是单记录类型文件，仅包含索引机制、空间大小、块的大小等内容。

物理设计可分5步完成，前3步涉及物理结构设计，后两步涉及约束和具体的程序设计。

(1)存储记录结构设计。包括记录的组成、数据项的类型、长度，以及逻辑记录到存储记录的映射。

(2)确定数据存放位置。可以把经常同时访问的数据组合在一起，“记录聚簇(cluster)”技术能满足这个要求。

(3)存取方法的设计。存取路径分为主存储路径和辅存储路径，前者用于主键检索，后者用于辅助键检索。

(4)完整性和安全性考虑。设计者应在完整性、安全性、有效性和效率方面进行分析，做出权衡。

(5)程序设计。在逻辑数据库结构确定后，应用程序设计就应当随之开始。物理数据独立性的目的是避免因物理结构的改变而引起对应用程序的修改。当物理独立性未得到保证时，可能会引发对程序的修改。

5. 数据库实施

根据逻辑设计和物理设计的结果，在计算机系统上建立起实际数据库结构、装入数据、测试和试运行的过程称为数据库的实施阶段。实施阶段主要有3项工作。

(1)建立实际数据库结构。对描述逻辑设计和物理设计结果的源模式，经 DBMS 编译成目标模式并执行后，便建立了实际的数据库结构。

(2)装入试验数据，对应用程序进行调试。试验数据可以是实际数据，也可由手工生成或用随机数发生器生成。应使测试数据尽可能覆盖现实世界的各种情况。

(3)装入实际数据，进入试运行状态。测量系统的性能指标是否符合设计目标。如果不符，则返回到前面，修改数据库的物理设计甚至逻辑设计。

6. 数据库运行与维护

数据库系统正式运行，标志着数据库设计与应用开发工作的结束和维护阶段的开始。运行维护阶段的主要任务有以下4项。

(1)维护数据库的安全性与完整性。检查系统安全性是否受到侵犯，及时调整授权和密码，实施系统转储和备份，以便发生故障后及时修复。

(2)监测并改善数据库运行性能。对数据库的存储空间状况及响应时间进行分析评价，结合用户反馈确定改进措施。

(3)根据用户要求对数据库现有功能进行扩充。

(4)及时改正运行中发现的系统错误。

3.2.2 实验软件与工具

1. 工具简介

PowerDesign 是 Sybase 推出的主打数据库设计工具。PowerDesign 致力于采用基于 Entiry-Relation 的数据模型，分别从概念数据模型(Conceptual Data Model)和物理数据模型(Physical Data Model)两个层次对数据库进行设计。概念数据模型描述的是独立于数据库管理系统(DBMS)的实体定义和实体关系定义。物理数据模型是在概念数据模型的基础上针对目标数据库管理系统的具体化。

2. 工具的优势

PowerDesigner 灵活的分析和设计特性允许使用一种结构化的方法有效地创建数据库，而不要求严格遵循一个特定的方法学。PowerDesigner 提供了直观的符号表示，使数据库的创建更加容易，并使项目组内的交流和通信标准化，同时能更加简单地向非技术人员展示数据库和应用的设计。

PowerDesigner 不仅加速了开发的过程，也向最终用户提供了管理和访问项目的信息的一个有效的结构。它允许设计人员创建和管理数据的结构，并且利用其开发工具环境快速地生成应用对象和组件。开发人员可以使用同样的物理数据模型查看数据库的结构和整理文档，以及生成应用对象和在开发过程中使用的组件。应用对象生成有助于在整个开发生命周期提供更多的控制和更高的生产率。

PowerDesigner 是一个功能强大而使用简单的工具集，提供了一个复杂的交互环境，支持开发生命周期的所有阶段。PowerDesigner 产生的模型和应用可以不断地增长，适应并随着用户需求的变化而变化。

3. 工具的模块划分

PowerDesigner 包含以下6个紧密集成的模块。

(1)PowerDesigner ProcessAnalyst，用于数据发现。

(2)PowerDesigner DataArchitect，用于双层、交互式的数据库设计和构造。

(3)PowerDesigner AppModeler，用于物理建模和应用对象、组件的生成。

(4)PowerDesigner MetaWorks，用于高级的团队开发、信息的共享和模型的管理。

(5)PowerDesigner WarehouseArchitect，用于数据库的设计和实现。

(6)PowerDesigner Viewer，用于以只读的、图形化的方式访问整个企业的模型信息。

3.2.3 数据库设计实验

1. 实验目标

(1)学习数据库设计的方法。

(2)掌握使用 PowerDesign 建立数据模型、对象模型以及创建物理数据库的方法。

(3)练习编写数据库设计说明书。

2. 实验内容

(1)概念设计：在数据分析的基础上，采用自底向上的方法从用户角度进行视图设计，一般用 E-R 模型来表示数据模型。

(2)逻辑设计：E-R 模型是独立于数据库系统的，要结合具体的 DBMS 特征来建立数据库的逻辑结构。对于关系型的 DBMS 来说，将概念结构转换为数据模式并进行规范，要给出数据结构的定义，即定义所含的数据项、类型、长度，及它们之间的层次和相互关系的表格等。

(3)物理设计：对于不同的 DBMS，物理环境不同，提供的存储结构与存取方法各不相同，物理设计就是设计数据模式的一些物理环节，如数据项存储要求、存取范式、索引的建立。

3. 实验要求

完成并提交数据库设计说明书，包含实体关系图(即 E-R 图)。

4. 实验模板

数据库设计说明书模板：

数据库设计说明书

1　引言

1.1　编写目的

说明编写这份数据库设计说明书的目的，指出预期的读者。

1.2　背景

说明待开发的数据库的名称和使用此数据库的软件系统的名称；

列出该软件系统开发项目的任务提出者、用户以及将安装该软件和这个数据库的计算站(中心)。

1.3　定义

列出本文件中用到的专门术语的定义、外文缩写词的原词组。

1.4　参考文献

列出有关的文献资料：

(1)本项目经核准的计划任务书或合同、上级机关批文。

(2)属于本项目的其他已发表的文件。

(3)本文件中各处引用到的文件资料，包括所要用到的软件开发标准。

(4)列出这些文件的标题、文件编号、发表日期和出版单位，说明能够取得这些文件的来源。

2　外部设计

2.1　标识符和状态

联系用途，详细说明用于唯一地标识该数据库的代码、名称或标识符，附加的描述性信息亦要给出。如果该数据库属于尚在实验中、尚在测试中或是暂时使用的，则要说明这一特点及其有效时间范围。

2.2　使用它的程序

列出将要使用或访问此数据库的所有应用程序，并列出这些应用程序的名称和版本号。

2.3　约定

陈述一个程序员或一个系统分析员为了能使用此数据库而需要了解的建立标号、标识的约定，例如用于标识数据库的不同版本的约定和用于标识库内各个文卷、记录、数据项的命名约定等。

2.4　专门指导

向准备从事此数据库的生成、测试、维护人员提供专门的指导，例如将被送入数据库的数据的格式和标准、送入数据库的操作规程和步骤，用于产生、修改、更新或使用这些数据文卷的操作指导。如果这些指导的内容篇幅很长，列出可参阅的文件资料的名称和章节。

2.5　支持软件

简单介绍同此数据库直接相关的支持软件，如数据库管理系统、存储定位程序和用于装入、生成、修改、更新数据库的程序等。说明这些软件的名称、版本号和主要功能特性，如所用数据模型的类型、允许的数据容量等。列出这些支持软件的标题、编号及来源。

3　结构设计

3.1　概念结构设计

说明本数据库将反映的现实世界中的实体、属性和它们之间的关系等的原始数据形式，包括各数据项、记录、系、文卷的标识符、定义、类型、度量单位和值域，建立本数据库的每一幅用户视图。

3.2　逻辑结构设计

说明把上述原始数据进行分解、合并后重新组织起来的数据库全局逻辑结构，包括所确定的关键字和属性、重新确定的记录结构和文卷结构、所建立的各个文卷之间的相互关系，形成本数据库的数据库管理员视图。

3.3　物理结构设计

建立系统程序员视图，包括：

(1)数据在内存中的安排,包括对索引区、缓冲区的设计。

(2)所使用的外存设备及外存空间的组织,包括索引区、数据块的组织与划分。

(3)访问数据的方式方法。

4　运用设计

4.1　数据字典设计

对数据库设计中涉及的各种项目,如数据项、记录、系、文卷、模式、子模式等一般要建立起数据字典,以说明它们的标识符、同义名及有关信息。在本节中要说明对此数据字典设计的基本考虑。

4.2　安全保密设计

说明在数据库的设计中,将如何通过区分不同的访问者、不同的访问类型和不同的数据对象,进行分别对待而获得的数据库安全保密的设计考虑。

3.2.4　实验案例

以下仅给出书中实例"研究生教学管理系统"项目数据库设计的关键步骤,其他内容不一一列出。

1.概念模型设计(E-R图)

首先,对书中实例"研究生教学管理系统"项目进行数据库设计的概念模型设计,学生、课程、成绩、用户实体属性图如图3-1～图3-4所示,简单E-R模型图如图3-5所示。

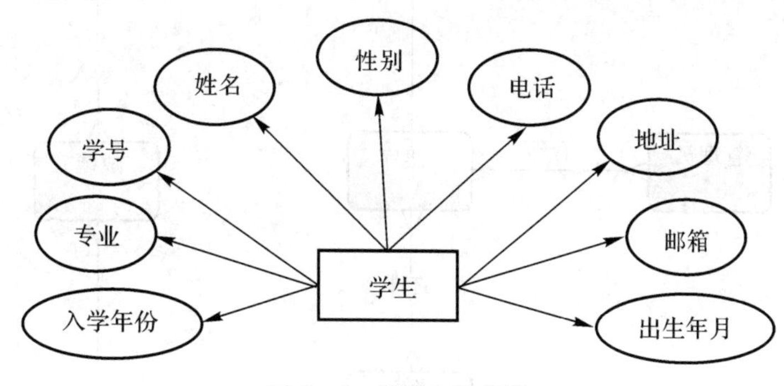

图3-1　学生实体属性

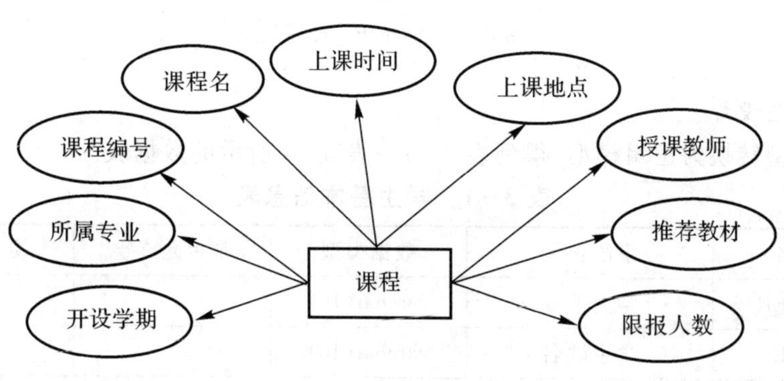

图3-2　课程实体属性

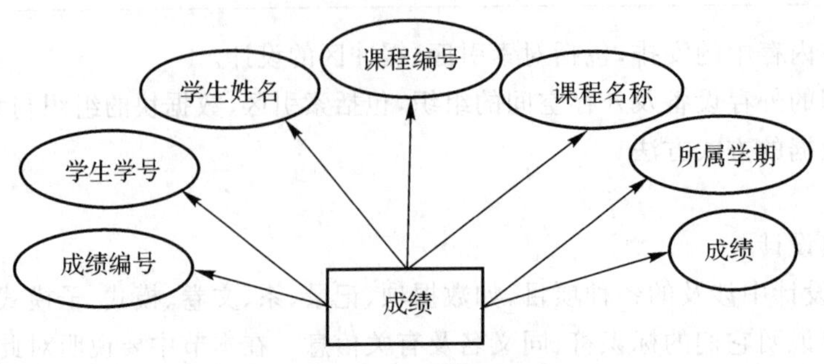

图 3-3　成绩实体属性

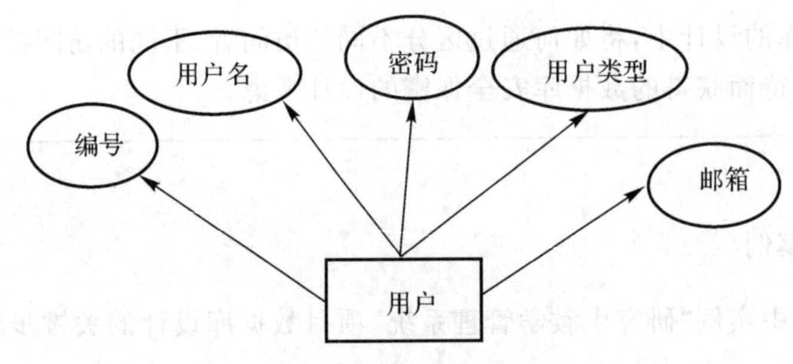

图 3-4　用户实体属性

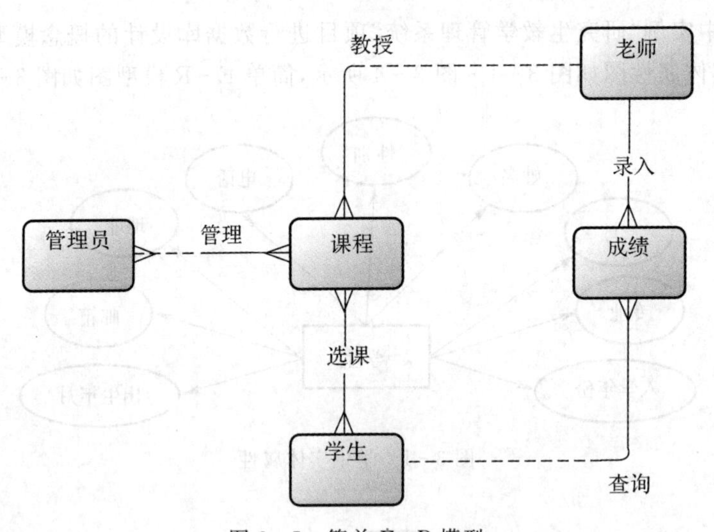

图 3-5　简单 E-R 模型

2. 逻辑模型设计

将概念模型转换为逻辑模型，得到表 3-1～表 3-4 所示的数据表。

表 3-1　学生基本信息表

字段名	字段含义	数据类型	是否允许空	是否主键
NUMBER	学生学号	varchar(10)		√
NAME	学生姓名	varchar(10)		

续 表

字段名	字段含义	数据类型	是否允许空	是否主键
SEX	学生性别	varchar(10)		
BIRTH	出生年月日	varchar(10)		
PROFESSION	学生所属专业	varchar(20)		
YEAR	学生入学年份	varchar(10)		
TELEPHONE	学生联系电话	varchar(20)	√	
ADDRESS	学生联系地址	varchar(80)	√	
EMAIL	学生电子邮件	varchar(30)	√	
WEBSITE	学生个人主页	varchar(50)	√	

表 3－2　课程信息表

属性名	属性解释	数据类型	是否允许空	是否主键
ID	课程信息自然主键	int		√
NUMBER	课程号	varchar(10)		
NAME	课程名	varchar(20)		
PROFESSION	课程所属专业	varchar(20)		
TEACHER	课程任课教师	varchar(10)		
TEAM	课程所属学期	varchar(20)		
WEEK	课程上课周次	varchar(10)		
DAYFORCLASS	课程上课天数	int		
SECTIONFORCLASS	课程上课节次	int		
COUNTFORCLASS	课程上课节数	int		
STUDENTS	课程学生数	int		
AREA	课程上课校区	varchar(10)		
BUILDING	课程上课教学楼	varchar(10)		
CLASSROOM	课程上课教室	varchar(10)		
BOOKISBN	课程用书 ISBN 号	varchar(20)		

表 3-3　课程成绩表

属性名	属性解释	数据类型	是否允许空	是否主键
ID	学生成绩自然主键	int		√
STUDENTNUM	学生学号	varchar(10)		
SUBJECTNUM	学生成绩课程编号	varchar(10)		
SUBJECT	学生成绩课程名称	varchar(20)		
YEAR	学生成绩所属学期	varchar(20)		
SCORE	学生成绩	int		

表 3-4　用户账户表

属性名	属性解释	数据类型	是否允许空	是否主键
ID	账号的自然主键	int	否	√
USERNAME	用户名	varchar(20)	是	
PASSWORD	密码	varchar(20)	是	
USERTYPE	用户类型	varchar(20)	是	

3. 物理模型的设计

将逻辑模型转换为物理模型，在此不予阐述。

3.3　软件详细设计

3.3.1　基础理论与方法

详细设计是软件工程中软件开发的一个步骤，就是对概要设计的一个细化，也就是详细设计每个模块的实现算法和所需的局部结构。详细设计有下述基本任务。

(1)对每个模块进行详细的算法设计。用某种图形、表格、语言等工具将每个模块处理过程的详细算法描述出来。

(2)对模块内的数据结构进行设计。对需求分析、概要设计确定的概念性的数据类型进行确切的定义。

(3)对数据结构进行物理设计，即确定数据库的物理结构。物理结构主要指数据库的存储记录格式、存储记录安排和存储方法，这些都依赖于具体所使用的数据库系统。

(4)其他设计，包括代码设计、输入/输出格式设计、人机对话设计等。代码设计是为了提高数据的输入、分类、存储、检索等操作，节约内存空间，对数据库中的某些数据项的值要进行代码设计。人机对话设计是对于一个实时系统，用户与计算机频繁对话，因此要进行对话方式、内容、格式的具体设计。

(5)编写详细设计说明书。

(6)评审。对处理过程的算法和数据库的物理结构都要评审。

3.3.2 实验软件与工具

传统软件开发方法的详细设计主要是用结构化程序设计法。详细设计的表示工具有图形工具和语言工具。图形工具有业务流图、程序流程图、PAD(Problem Analysis Diagram)、NS流程图(由 Nassi 和 Shneidermen 开发,简称 NS)。语言工具有伪码和 PDL(Program Design Language)等。

详细设计的工具主要有以下3种。

1. 图形工具

利用图形工具可以把过程的细节用图形描述出来。

2. 表格工具

可以用一张表来描述过程的细节,在这张表中列出了各种可能的操作和相应的条件。

3. 语言工具

用某种高级语言(称之为伪码)来描述过程的细节。

现在介绍几种常用的工具。

(1)程序流程图。程序流程图又称为程序框图,是使用最广泛然而也是用得最混乱的一种描述程序逻辑结构的工具。它用方框表示一个处理步骤,菱形表示一个逻辑条件,箭头表示控制流向。其优点是:结构清晰,易于理解,易于修改。缺点是:只能描述执行过程而不能描述有关的数据。

(2)盒图。盒图是一种强制使用结构化构造的图示工具,也称为方框图。其具有以下特点:功能域明确,不可能任意转移控制,很容易确定局部和全局数据的作用域,很容易表示嵌套关系及模板的层次关系。

(3)PAD。PAD 是一种改进的图形描述方式,可以用来取代程序流程图,比程序流程图更直观,结构更清晰。其最大的优点是能够反映和描述自顶向下的历史和过程。PAD 提供了5种基本控制结构的图示,并允许递归使用。

PAD 的特点:使用 PAD 符号设计出的程序代码是结构化程序代码;PAD 所描绘的程序结构十分清晰;用 PAD 表现的程序逻辑易读、易懂和易记;容易将 PAD 转换成高级语言源程序自动完成;既可以表示逻辑,也可用来描绘数据结构;支持自顶向下方法的使用。

(4)PDL。PDL 也可称为伪码或结构化语言,它用于描述模块内部的具体算法,以便开发人员之间比较精确地进行交流。语法是开放式的,其外层语法是确定的,而内层语法则不确定。外层语法描述控制结构,它用类似于一般编程语言控制结构的关键字表示,所以是确定的。内层语法描述具体操作,考虑到不同软件系统的实际操作种类繁多,内层语法因而不确定,它可以按系统的具体情况和不同的设计层次灵活选用,实际上任意英语语句都可用来描述所需的具体操作。用它来描述详细设计,工作量比画图小,又比较容易转换为真正的代码。

PDL 的优点:可以作为注释直接插在源程序中;可以使用普通的文本编辑工具或文字处理工具产生和管理;已经有自动处理程序存在,而且可以自动由 PDL 生成程序代码。

PDL 的不足:不如图形工具形象直观,描述复杂的条件组合与动作间对应关系时,不如判定树清晰简单。

3.3.3 详细设计实验

1. 实验目标

(1)掌握系统的各模块详细设计及实现的基本方法,训练详细设计的算法表述能力和程序设计的编码能力。

(2)掌握使用 Rational Rose 工具记录详细设计的内容。

(3)练习编写详细设计结果的描述文档的方法。

2. 实验内容

以概要设计说明书为依据,进一步对系统的设计进行细化,并能对一个待开发的软件进行准确的模块详细设计。

3. 实验要求

在详细设计中,描述实现具体模块所涉及的主要算法、数据结构、类的层次结构及调用关系,需要说明软件系统各个层次中的每一个程序(每个模块或子程序)的设计考虑,以便进行编码和测试。应当保证软件的需求完全分配给整个软件。详细设计应当足够详细,能够根据详细设计报告进行编码。

4. 实验模板

详细设计说明书模板:

详细设计说明书

1 引言

1.1 编写目的

说明编写这份详细设计说明书的目的,指出预期的读者。

1.2 背景

说明:

(1)待开发软件系统的名称。

(2)本项目的任务提出者、开发者、用户和运行该程序系统的计算中心。

1.3 定义

列出本文件中用到的专门术语的定义和外文缩写词的原词组。

1.4 参考文献

列出有关的参考文献:

(1)本项目的经核准的计划任务书或合同、上级机关的批文。

(2)属于本项目的其他已发表的文件。

(3)本文件中各处引用到的文件资料,包括所要用到的软件开发标准。列出这些文件的标题、文件编号、发表日期和出版单位,说明能够取得这些文件的来源。

2 程序系统的结构

用一系列图表列出本程序系统内的每个程序(包括每个模块和子程序)的名称、标识符和它们之间的层次结构关系。

3　程序1(标识符)设计说明

从本章开始,逐个给出各个层次中的每个程序的设计考虑。以下给出的提纲是针对一般情况的。对于一个具体的模块,尤其是层次比较低的模块或子程序,其很多条目的内容往往与它所隶属的上一层模块的对应条目的内容相同,在这种情况下,只要简单地说明这一点即可。

3.1　程序描述

给出对该程序的简要描述,主要说明安排设计本程序的目的和意义,并且,还要说明本程序的特点(如是常驻内存还是非常驻内存,是否子程序,有无覆盖要求,是顺序处理还是并发处理等)。

3.2　功能

说明该程序应具有的功能,可采用IPO图(即输入-处理-输出图)的形式。

3.3　性能

说明对该程序的全部性能要求,包括对精度、灵活性和时间特性的要求。

3.4　输入项

给出每一个输入项的特性,包括名称、标识、数据的类型和格式、数据值的有效范围、输入的方式、数量和频度、输入媒体、输入数据的来源和安全保密条件等。

3.5　输出项

给出每一个输出项的特性,包括名称、标识、数据的类型和格式、数据值的有效范围、输出的形式、数量和频度、输出媒体、对输出图形及符号的说明、安全保密条件等。

3.6　算法

详细说明本程序所选用的算法、具体的计算公式和计算步骤。

3.7　流程逻辑

用图表(例如流程图、判定表等)辅以必要的说明来表示本程序的逻辑流程。

3.8　接口

用图的形式说明本程序所隶属的上一层模块及隶属于本程序的下一层模块、子程序,说明参数赋值和调用方式,说明与本程序直接关联的数据结构(数据库、数据文卷)。

3.9　存储分配

根据需要,说明本程序的存储分配。

3.10　注释设计

说明准备在本程序中安排的注释,如:

(1)加在模块首部的注释。

(2)加在各分支点处的注释。

(3)对各变量的功能、范围、缺省条件等所加的注释。

(4)对使用的逻辑所加的注释。

3.11　限制条件

说明本程序运行中的限制条件。

3.12　测试计划

说明对本程序进行单体测试的计划,包括对测试的技术要求、输入数据、预期结果、进度安排、人员职责、设备条件驱动程序及桩模块等的规定。

3.13 尚未解决的问题

说明在本程序的设计中尚未解决而设计者认为在软件完成之前应解决的问题。

4 程序 2(标识符)设计说明

用类似的方式,说明第 2 个程序乃至第 *N* 个程序的设计考虑。

3.3.4 实验案例

现在给出书中实例“研究生教学管理系统”项目详细设计说明书。

研究生教学管理系统详细设计说明书

1 引言

1.1 编写目的

根据《需求规格说明书》《概要设计说明书》,在仔细考虑讨论之后,对研究生教学管理系统软件的功能划分、数据结构、软件总体结构的实现有了进一步的想法。将这些想法记录下来,作为详细设计说明书,为进一步设计软件、编写代码打下基础。本说明书确定系统的详细功能模块和数据结构,为后一阶段开发系统提供最详细的依据材料。

1.2 项目背景

(1)系统的名称:研究生教学管理系统。

(2)项目任务提出者:西北工业大学研究生院。

(3)项目任务开发者:西北工业大学软件与微电子学院。

(4)项目用户:西北工业大学的教学管理人员、教师与学生。

随着学校教育水平的不断提高,学校规模不断扩大,传统的 C/S 结构的信息管理软件已经远远不能够满足学校的需求,已经成为学校进一步发展的瓶颈。经总结,这类信息系统软件存在如下的缺陷:①软件维护的费用高。②信息查询不方便。③不利于远程管理。④软件的可操作性不高。

为了弥补这些缺陷,消除影响学校进一步发展的瓶颈,降低学校的信息软件维护成本,进一步方便学生使用,方便教职工管理,项目组决定在这次软件开发工程中,开发基于 B/S 架构的教学管理系统。

1.3 定义

SQL Server 2005:系统服务器所使用的数据库管理系统(DBMS)。

SQL:一种用于访问查询数据库的语言。

MVC:模型(Model)、视图(View)和控制(Controller)。目的是实现 Web 系统的职能分工。

主键:数据库表中的关键域。其值互不相同。

外部主键:数据库表中与其他表主键关联的域。

1.4 参考文献

[1] 张海藩.软件工程导论.北京:清华大学出版社,2008.

[2] 王珊.数据库系统原理教程.北京:高等教育出版社,2006.

[3]　刘利民.《软件工程综合设计》指导书.西北工业大学,2009.

[4]　教学管理系统需求规格书说明书

[5]　教学管理系统概要设计说明书

2　总体设计

2.1　需求概述

1.本系统要管理的基本信息

(1)账户管理:添加、删除、查询、修改用户。

(2)学生信息管理:添加、删除、查询、修改学生基本信息。

(3)课程管理:增加、删除、查询、修改课程信息。

(4)成绩管理:增加、删除、查询、修改成绩信息。

2.总体功能

(1)在数据库中,建立各关系模式对应的库表,并确定主键、索引、参照完整性、用户自定义完整性等。

(2)能对各库表进行输入、修改、删除、添加、查询、打印等基本操作。

(3)新学期开学,能排定必修课程,能选定选修课程,并能对选课作必要调整。

(4)查询。

1)能查询学生基本信息情况。

2)能查询课程基本情况。

3)能查询考试成绩情况。

3.实现系列功能

(1)能全面管理学校教学相关的各类主体,如学生信息、课程信息、学生成绩信息等。

(2)通过使用计算机能方便地维护(包括插入、删除、修改)各信息表。

(3)能组合查询基于某信息表的所需信息。

(4)能方便地实现基于多个表的连接查询。

(5)能方便地实现基于单个或多个表的统计功能。

(6)需要时能即时进行输出与打印。

(7)系统应具有网络多用户功能,具有用户管理功能,对分等级用户提供相应系统功能。

(8)系统具有操作方便、简捷等特点。

2.2　软件结构

主模块如图1所示。

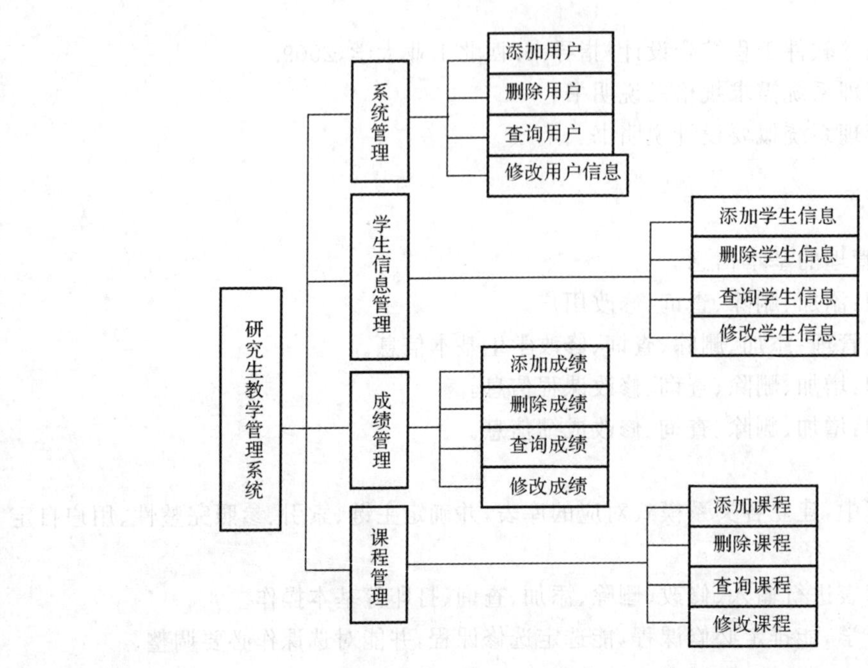

图 1　主模块

3　程序描述

3.1　登录模块

(1)功能：

对用户进行身份验证，通过验证则登录相应系统，然后调用各个子模块。

建立与数据库连接。

获取系统设置。

运行主对话框。

退出系统时断开与数据库的连接。

(2)输入项目：

输入用户名和密码。

(3)输出项目：

不同类型用户的欢迎界面。

(4)存储分配：

程序运行时需要占用一定内存。

(5)限制条件：

本系统只允许在学校内网中使用。

(6)测试要点：

数据库连接情况：正常情况，数据库文件缺少，外部系统异常。

系统设置获取：正常情况，外部系统异常。

对用户输入的响应：合法输入，能够正常调用子模块；非法输入，系统能否辨别，并作出响应(提出警告)；子模块的异常状况，系统能否及时作出响应。

3.2 学生信息管理模块

(1)功能：

系统管理员可对各个学生信息进行各种操作，例如，新生入学时对新生信息进行录入，学生退学时删除学生信息，更新、查询学生信息等。

(2)输入项目：

学生学号。

(3)输出项目：

输出学生具体信息，然后进行相关操作。

(4)存储分配：

程序运行时需要占用一定内存。

(5)限制条件：

本系统只允许在学校内网中使用。

(6)测试要点：

模块正常运行流程。

用户输入数据检查，包括数据合理性检查，以及合法性检查。

数据库操作。

数据库连接异常时的响应情况。

3.3 课程信息管理模块

(1)功能：

系统管理员可对各个课程信息进行各种操作，例如，给各个课程配备相关老师，安排课程开出时间，安排每学期的课程表，添加、删除课程，更新、查询课程信息等。

(2)输入项目：

课程号。

(3)输出项目：

输出更新后的课程具体信息，然后进行相关操作。

(4)存储分配：

程序运行时需要占用一定内存。

(5)限制条件：

本系统只允许在学校内网中使用。

(6)测试要点：

模块正常运行流程。

用户输入数据检查，包括数据合理性检查，以及合法性检查。

数据库操作。

数据库连接异常时的响应情况。

3.4 学生成绩管理模块

(1)功能：

教师可以对选修自己课程的学生进行成绩的录入工作，当然，也可以删除、修改查询学生的成绩。

(2)输入项目：

学生学号、课程和分数。

(3)输出项目：

更新后的学生某课程的成绩。

(4)存储分配：

程序运行时需要占用一定内存。

(5)限制条件：

本系统只允许在学校内网中使用。

(6)测试要点：

模块正常运行流程。

用户输入数据检查,包括数据合理性检查,以及合法性检查。

数据库操作。

数据库连接异常时的响应情况。

3.5 学生个人信息查询子模块

(1)功能：

学生可以查询自己的个人信息。

(2)输入项目：

学生学号。

(3)输出项目：

更新后的学生个人信息。

(4)存储分配：

程序运行时需要占用一定内存。

(5)限制条件：

本系统只允许在学校内网中使用。

(6)测试要点：

模块正常运行流程。

用户输入数据检查,包括数据合理性检查,以及合法性检查。

数据库操作。

数据库连接异常时的响应情况。

数据能否正常打印输出。

3.6 成绩查询子模块

(1)功能：

学生可以查询自己的各科成绩。

(2)输入项目：

学生学号。

(3)输出项目：

所有已学科目的成绩。

(4)存储分配：

程序运行时需要占用一定内存。

(5)限制条件：

本系统只允许在学校内网中使用。

(6)测试要点：

模块正常运行流程。

用户输入数据检查，包括数据合理性检查，以及合法性检查。

数据库操作。

数据库连接异常时的响应情况。

数据能否正常打印输出。

3.7　课程查询子模块

(1)功能：

学生可以查询自己必修课程以及选修课程。

(2)输入项目：

学生学号。

(3)输出项目：

本学期正在学习的课程以及老师等信息。

(4)存储分配：

程序运行时需要占用一定内存。

(5)限制条件：

本系统只允许在学校内网中使用。

(6)测试要点：

模块正常运行流程。

用户输入数据检查，包括数据合理性检查，以及合法性检查。

数据库操作。

数据库连接异常时的响应情况。

数据能否正常打印输出。

第4章 面向对象分析与设计

4.1 面向对象基础

1.面向对象概念和模型

面向对象思想把数据行为看成同等重要，即将对象视作一个融合了数据及在其上操作的行为的统一的软件组件，是现代软件企业广为采用的一项有效技术。面向对象技术要求在设计中映射现实世界中指定问题域中的对象和实体，例如：顾客、汽车和销售人员等。这就需要设计要尽可能地接近现实世界，即以最自然的方式表述实体。

与传统的结构化分析一样，面向对象分析也是要建立各种各样的基于对象的模型。这些模型用于理解领域问题，面向对象技术能够构建与现实世界相对应的问题模型，并保持他们的结构、关系和行为模式。面象对象的最大特点是面向用例，并在用例的描述中引入了外部角色的概念。用例是精确描述需求的重要工具，它贯穿于整个开发过程。

采用面向对象分析方法时，在需求阶段建立这些面向对象模型，在设计阶段精化这些模型，在编码阶段依据这些模型使用面向对象的编程语言开发系统。面向对象建模技术所建立的模型包括逻辑模型、交互模型、用例模型和部署模型，它们分别从不同侧面描述了所要开发的系统，相辅相成，使得对系统的需求分析和设计描述更加直观、全面。其中，逻辑模型是最基本、最重要的，它为其他两种模型奠定了基础，依靠它可以完成4种模型的集成。

(1)用例模型。用例模型表示变化的系统的“功能”，指明了系统应该“做什么”。因此，它更直接地反映了用户对目标系统的需要。用例模型本质上就是系统的功能模型，不同的是用例模型要求从外部使用者的角度抽取出系统有哪些用例，并根据使用者如何与系统交互来得到系统使用的场景，进而理解系统的交互行为，最终构建系统的功能需求。

面向对象分析与设计是用例驱动的。用例站在用户的角度描述用户的交互过程，有助于软件开发人员更深入地理解问题域，改进和改善自己的分析和设计。

(2)逻辑模型。面向对象逻辑模型描述系统的组成，主要包括对象模型、类模型和包模型。

对象模型是静态的、结构化的系统“数据”性质，它是对模拟客观世界实体的对象以及对象之间关系的映射，描述了系统的静态结构。对象模型为建立动态模型和功能模型提供了实质性的框架。对象模型在需求分析中既可以用来表达系统数据，也可以用来表达对数据的处理，可以看成是数据流和语义数据模型的结合。此外，对象模型在证明系统实体是如何分类和复合方面也非常有用。

类模型是对象模型的静态表示。一个类模型可以有许多对象模型，也就是说，类模型描述系统的组成，而对象模型是关于系统的一个功能或某一时刻的对象关联关系，即类模型的实例。

包模型是将某些关系比较密切的类封装成一个包，包之间建立依赖关系，并组成层的概念，从而形成系统的逻辑架构。

(3)交互模型。建立对象模型之后,就需要考察对象的动态行为。交互模型表示瞬间的、行为化的系统"控制"性质,它规定了对象模型中对象的合法变化序列。所有对象都有自己的运行周期,运行周期由许多阶段组成,每个特定的阶段都有适合该对象的一组运行规则,用以规范该对象的行为。对象运行周期中的阶段就是对象的状态。所谓状态,是对对象属性的一种抽象。当然,在定义状态时应该忽略那些不影响对象行为的属性。对象之间相互触发/作用的行为,引起了一系列的状态变化。

事件是某个特定时刻所发生的一个系统行为,它是对引起对象从一种状态转移到另一种状态的现实世界的抽象。所以,事件是引起对象状态转换的控制信息。事件没有持续时间,是瞬间完成的。对象对事件的影响,取决于该触发的对象当时所处的状态,其响应包括改变自己的状态,或者是形成一个新的触发行为。

交互模型描绘了对象的状态、触发状态转换的事件以及对象行为(对事件的响应)。也可以说,基于事件共享而互相关联的一组状态集合构成了系统的交互模型。

(4)部署模型。部署模型是对系统硬件结构的抽象描述,对系统物理节点(计算机或设备)、节点间的连接关系(网络连接类型、协议等)和构件部署在哪些节点上(代码分配与部署等)进行建模。

2. 统一建模语言 UML

为了方便、高效地进行面向对象分析和设计,UML(Unified Modeling Language)被创造出来。UML是一种功能强大的、面向对象的可视化系统分析建模语言,它采用一整套成熟的建模技术,广泛地适用于各个应用领域。它能让系统构造者用标准的、易于理解的方式来表达出他们的系统蓝图,并且提供了方便不同人之间有效共享和交流设计成果的机制。运用UML进行面向对象分析设计,通常都要经过下述3个步骤。

(1)识别系统的用例和角色。首先要对项目进行需求调研,分析项目的业务流程图和数据流程图,以及项目中涉及的各级操作人员,识别出系统中的所有用例和角色;接着分析系统中各角色和用例间的联系,使用UML建模工具画出系统的用例图;最后,勾画系统的概念层次模型,借助UML建模工具描述概念层的类和活动图。

(2)进行系统分析并抽象出类。系统分析的任务是找出系统的所有要求并加以描述,同时建立特定领域模型。从实际需求抽象出类,并描述各个类之间的关系。

(3)设计系统,并设计系统中的类及其行为。设计阶段由结构设计和详细设计组成。结构设计是高层设计,其任务是定义包(子系统)、包间的依赖关系和主要的通信机制。包有利于描述系统的逻辑组成以及各个部分之间的依赖关系。详细设计主要用来细化包的内容,清晰描述所有的类,同时使用UML的动态模型描述在特定环境下这些类的实例的行为。

3. UML 视图

在UML出现以前,没有一种占统治地位的建模语言。各种语言各有特色,用户必须选择几种类似的建模语言,以完成复杂的体系结构描述。大部分建模语言都有一些主要的、共同的概念,而在描述和表达方面却又有所不同。缺乏一种强大的具有扩展能力的建模语言,给使用者带来许多麻烦,不利于软件的推广和重用。"4+1"模型采用UML作为各视图的表达和解释环境,统一各部分的建模描述语言,有利于合作开发以及各层次、各环节开发人员之间的沟通,建立切合实际的模型,平衡软件质量与开发周期间的矛盾,加速软件开发和推广。

UML的"4+1视图"是指从某个角度观察系统构成的4+1个视图,如图4-1所示。每个视图都是系统描述的一个投影，说明了系统某个侧面的特征。其包含场景视图(用例视图)、逻辑视图、进程视图、开发视图、部署视图(物理视图)。

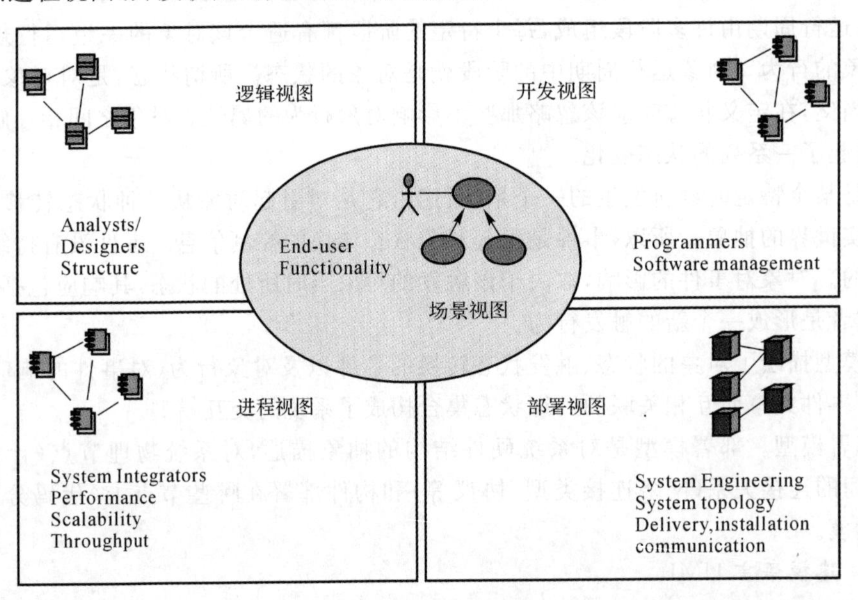

图 4-1　4+1视图

(1)逻辑视图。逻辑视图主要支持功能需求——系统应当向用户提供什么样的服务。从问题域出发，采用面向对象的方法，按照抽象、封装、继承的原则，进行分解，得到代表着系统的关键抽象表示的集合。这些抽象表示的具体形式就是对象和对象的类。通过类图和类模板来表示逻辑体系结构。类图显示了类的集合和它们的逻辑关系：关联(association)、组合(composition)、使用(usage)、继承(inheritance)等。类模板则着眼于每个类的个体，强调类的主要操作，并确定对象的关键特征。当需要定义一个对象的内部行为时，要使用状态转换图，或者是状态表。相关类的集合可以归到一起，称作类的种属(class category)。

逻辑体系结构的符号表示法如图 4-2 所示。

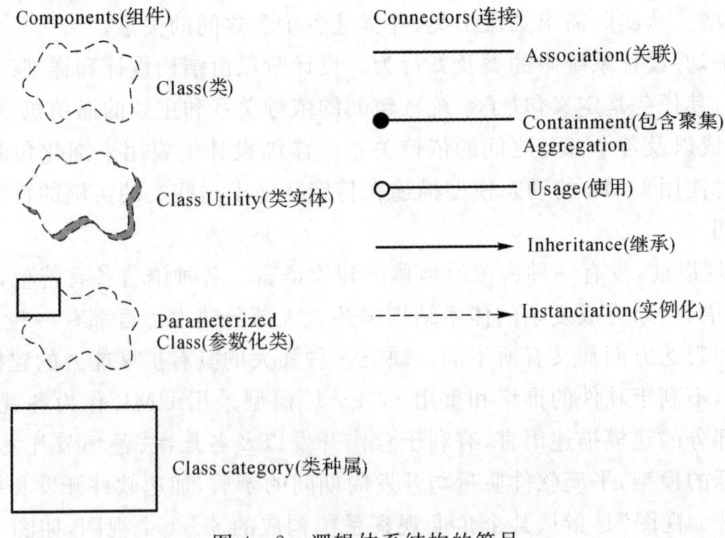

图 4-2　逻辑体系结构的符号

(2)进程视图。过程体系结构考虑的是一些非功能性的需求,诸如性能、可用性等。它所要面对的问题有并发、分布、系统的完整性、容错能力等。它还要考虑怎样把过程体系结构与逻辑视图体系结构的要点相适应——对某个对象的某个操作实际上是在哪个控制线程上发生的。

进程视图的表示法如图 4-3 所示。

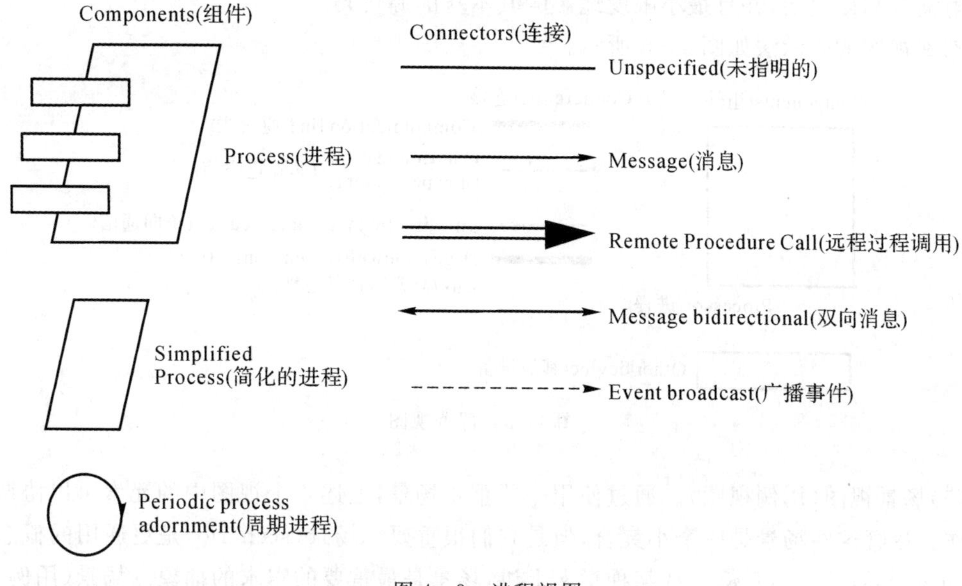

图 4-3　进程视图

(3)开发视图。开发视图关注的是在软件开发环境中软件模块的实际组织。软件被打包成可以由单个或少量程序员开发的各种小的部分:程序库或子系统。子系统被组织成层次化的体系,每一层为上一层提供一个严密的、明确定义的接口。系统的开发体系结构用模块图和子系统图来表示,在图中可以显示出“导入”和“导出”关系。完整的开发体系结构只有在软件系统的所有元素被识别出来之后才能被描述。控制开发体系结构的原则是:分割、编组、可视。开发体系结构主要考虑的是内部需求,这些需求的目的是要使开发相关的活动更易于进行,如软件管理、软件复用、开发工具集所造成的约束、编程语言等。

开发视图的表示法如图 4-4 所示。

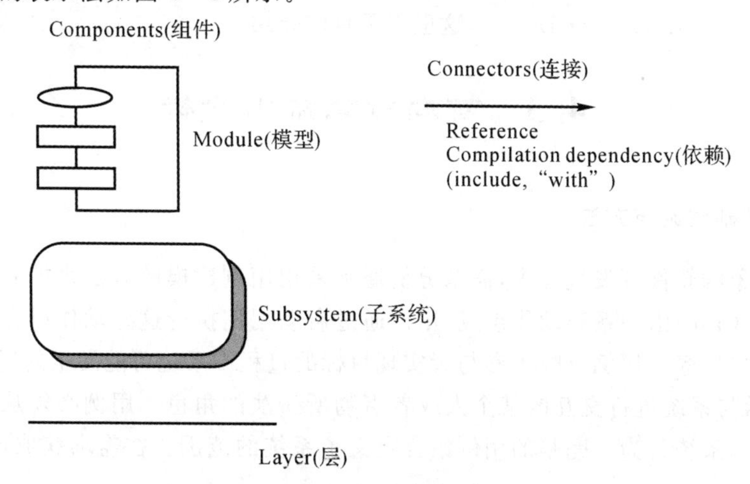

图 4-4　开发视图

(4)部署视图。部署体系结构主要考虑的是非功能性的系统需求,如系统的可用性、可靠性(容错性)、性能(信息吞吐量)和可扩展性。软件系统在计算机网络的各个处理节点上运行。各种被确定出的元素——网络、过程、任务和对象——需要映射到各种节点上去。将用到不同的物理配置。有些用于开发和测试,有些用于不同场所或不同用户。因此从软件到处理节点的映射需要高度灵活,并且最小限度地影响其本身的源代码。

部署视图的表示法如图 4-5 所示。

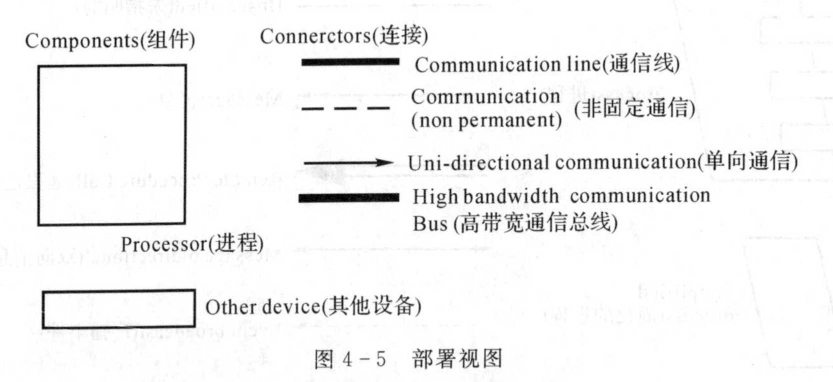

图 4-5 部署视图

(5)场景视图(用例视图)。通过使用一些重要场景,上述 4 个视图中的元素可以协调地共同工作。尽管这些场景是一个小集合,但是它们很重要。场景(scenario)是更通用的概念——用例(use case)——的实例。从某种意义上讲,场景是最重要的需求的抽象。场景(用例)视图是描述系统与外部其他系统以及用户之间交互的图形。换句话说,场景视图描述了谁将使用系统,用户希望以什么方式与系统交互。场景的设计使用对象场景图(object scenario dlagram)和对象交互图来表示。

4.2 实验软件与工具

软件设计都是从建模开始的,设计者通过创建模型和设计蓝图来描述系统的结构,建模的意义重大,模型的作用就是使复杂的信息关联简单易懂,它使使用者容易洞察复杂原始数据背后的规律,并能有效地将系统需求映射到软件结构上去。常用的建模工具有 Rational Rose, Microsoft Office Visio, Power Design,这里不再具体介绍。

4.3 面向对象需求分析

4.3.1 基础理论与方法

在面向对象的软件开发过程中,需求分析通常采用用例建模的方法来捕获用户的功能需求。用例(Use Case)由一系列动作组成,用户通过启动用例执行这些动作以完成一些有用的工作并实现用户目标。用例反映了参与者实现目标的过程中系统可能发生的所有事件。参与者(Actor)表示与系统进行交互的某个人或者事物所扮演的角色。用例必须从用户的角度描述用户所期望的系统行为。完整的用例集合定义了系统的范围。在需求获取过程中,为了发现开发中系统的真实用户需求，开发者正确地识别一组用例是非常重要的。用例建模是一个从外部视角来描述目标系统行为的过程。用例描述系统将要做什么而不是如何做。因此，用例分析的重点是系统外部价值，而不是内部结构。用例模型(Use Case Model)是一幅用例图或者一组用例图，还有可能有额外的资料，这里的资料主要指用例描述以及最初用来识别用例的问题陈述。用例图由参与者和系统构成，其中一个系统由多个用例组成。

面向对象需求分析设计包括系统的用例图、用例规约、活动图、术语表和附加说明书等。

以教务管理系统为例，主要参与者包括教授(Professor)、学生(Student)、课程目录(Course Catalog)、注册者(Register)、付费系统(Billing System)，主要用例包括浏览报告卡片(View Report Card)、注册课程(Register for Courses)、登录(Login)、选课教(Select Course to Teach)、提交分数(Submit Grades)、维护教授信息(Maintain Professor Information)、维护学生信息(Maintain Student Information)、关闭注册(Close Registration)。系统的用例图如图4-6所示。

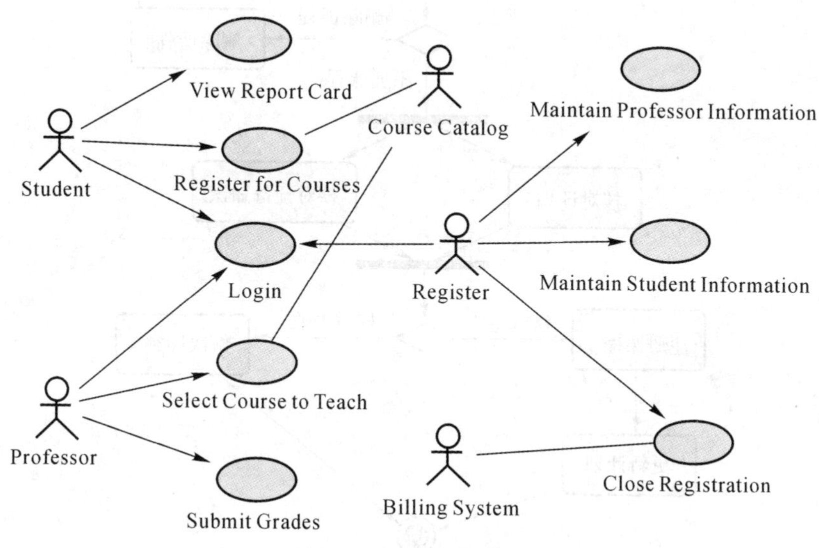

图4-6　系统用例图

用例规约是对用例的详细说明，用例规约包括用例名、用例描述、基本事件流、可选事件流、前置条件、后置条件、补充条件等。现在以用例 Login 为例，具体说明见表4-1。

表4-1　Login 用例

用例名称	Login
参与者	Student，Professor，Register
用例描述	用例描述了一个用例如何登录研究生教学管理系统
前置条件	系统处理登录状态，并且显示出登录对话框
后置条件	如果用例成功，参与者进入系统，否则，系统状态不发生改变
基本事件流	(1)参与者需要登录研究生教学管理系统时，用例开始 (2)参与者输入它的用户名和密码 (3)系统验证用户名和密码的有效性，让参与者进入系统

续 表

备选事件流	在基本事件流中，如果参与者输入了一个无效的用户名和密码，系统提示错误信息，用例结束时，参与者可以选择重新开始基本事件流，也可以选择取消登录
补充说明	无

活动图用于捕获用例的行为，它的本质是流程图，它描述系统的活动判定点和分支等。在研究生教学管理系统中，以学生选课用例进行描述，如图 4－7 所示。

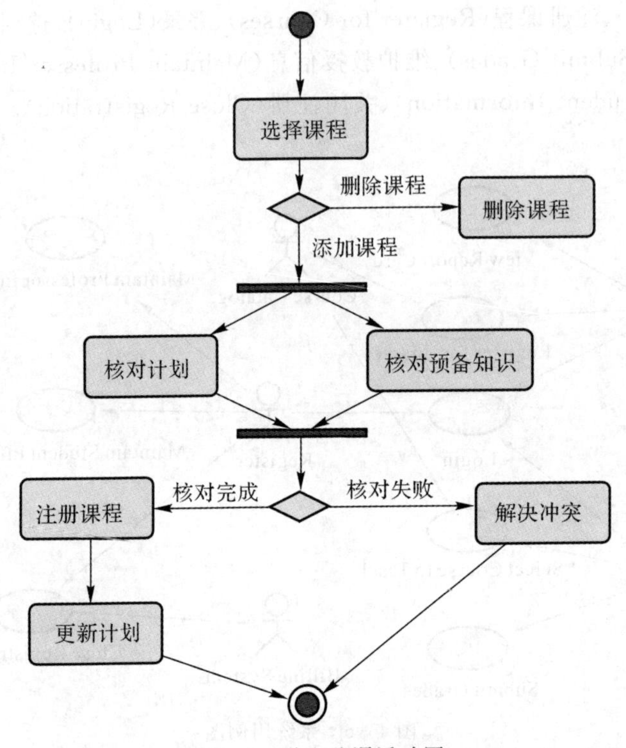

图 4－7　学生选课活动图

术语表是对特定领域某些专业词汇的解释说明，以教务管理系统为例，见表 4－2。

4.3.2　面向对象需求分析实验

1. 实验目标

(1)掌握面向对象需求分析方法。

(2)掌握利用 Rational Rose 工具绘制用例图。

(3)学习撰写用例说明书、术语表、附加说明书。

2. 实验内容

(1)对欲开发的系统进行需求分析，绘制出用例图。

(2)为所设计的用例撰写用例说明书。

(3)撰写该项目的术语表与附加说明书。

3. 实验要求

完成需求分析文档，其中包括用例图、用例说明、术语表、附加说明书。

表 4-2　教务管理系统术语表

教务管理系统术语
1. 简介 这个文件是用于定义特定领域的术语，解释条款，帮助不熟悉用例描述或项目文件的读者了解项目。通常，这个文件可以作为一个非正式的数据字典，用来捕获数据定义，便于用例描述和其他项目文档可以集中描述系统必需的信息。 2. 定义 术语表包含课程登记中关键的概念定义。 (1)Course：大学所提供的课程。 (2)Course offing：一个特定的学期提供的课程，你可以在某一学期选择上相同的课程，包括上课周数和上课时间。 (3)Course catalog：大学提供的所有课程的完整的目录。

4.4　面向对象分析

4.4.1　基础理论与方法

从实际应用的角度出发，采用面向对象技术来分析系统及建立系统的分析模型。分析描述的是这个系统需要做什么，确定不同用户的职责和他们之间的交互。分析模型要建立在用例模型的基础上，对于每一次迭代中的每一个用例需要做的是：发现候选对象，描述对象间的交互，描述类及其之间的关系。

1. 发现候选对象

识别构成系统的对象是分析过程中最重要的任务之一。面向对象组织已经确定了分析模型最常用的 3 种对象类型，它们是：

(1)实体对象(Entity Object)。实体对象保存要永久存储的信息，它通过实体类将数据封装起来。在 Java 中，实体对象可以想象成负责处理 JDBC 的组件，在企业 Java Bean (Enterprise Java Bean，EJB)中，实体 Bean(Entity Bean)就是一个相当好的实体范例。实体对象表示如图 4-8 所示。

(2)边界对象(Boundary Object)。边界对象位于系统与边界的交界处，包括所有窗体、报表、打印机和扫描仪等硬件的接口以及与其他系统的接口。边界对象使角色能与系统交互。要寻找和定义边界对象，可以检查用例图。每个角色/用例交互至少要有一个边界对象。例如，假设要迅速寻找模型中的所有窗体，可以创建 Form 类型，将所有窗口指定为这个类型。要寻找模型中的所有窗体时，只要寻找 Form 类型的类即可。如图 4-9 所示。

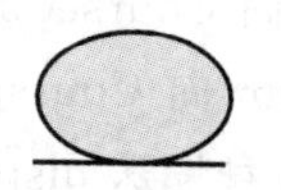
图 4-8　实体对象

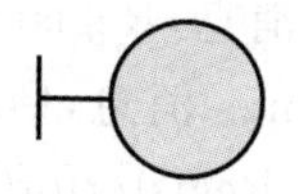
图 4-9　边界对象

(3)控制对象(Control Object)。在用例的边界对象和实体对象交互过程中,控制对象可以充当它们的中介。当边界对象访问实体对象时,控制对象将一系列复杂的请求封装成通用的工作流,使这种访问变得简单。如图 4-10 所示。识别方法:在分析模型中,每一个用例都应该有一种控制对象。

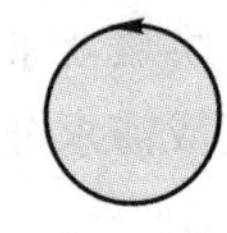

图 4-10 控制对象

2.描述对象间的交互

识别了实体类、边界类和控制类,下面就是确定这些相关联的对象是如何交互来实现用例的。在这个过程中会产生对象的交互图(interaction diagram),描述对象之间的交互行为。UML 用两种图来表示对象间的交互、协作图和时序图。

协作图主要用来描述对象间的交互关系。时序图用来显示对象之间的关系,并强调对象之间消息的时间顺序,同时显示对象之间的交互。

(1)协作图。协作图(communication diagram)只对相互之间有交互作用的对象和这些对象间的关系建模,而忽略了其他对象和关联。协作图可以被视为对象图的扩展。

协作图举例如图 4-11 所示。

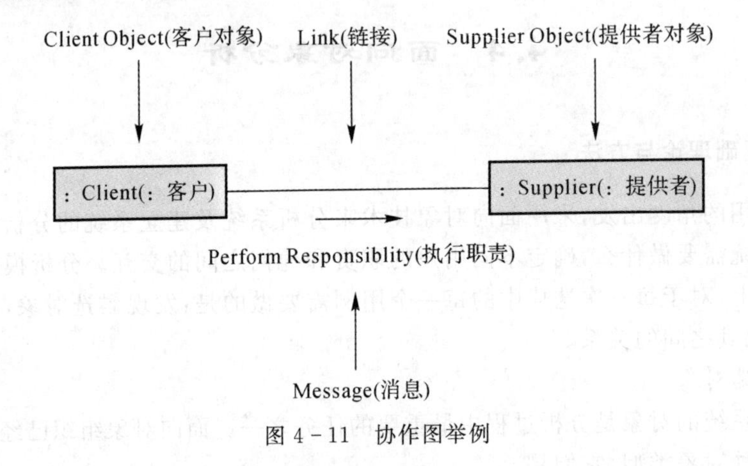

图 4-11 协作图举例

协作图包括以下元素:类角色、关联角色和消息流。

1)类角色。类角色代表协作图中对象交互中所扮演的角色。对应图 4-11 中的矩形框。

2)关联角色。关联角色代表协作图中链接在交互中所扮演的角色。

3)消息流。消息流代表协作图中对象间通过链接发送的消息。

类角色之间的箭头表明在对象间交互的消息流,消息由一个对象发出,由消息所指的对象接收,链接用于传输或实现消息的传递。消息流上标有消息的序列号和类角色间发送的消息,一条消息会触发接受对象中的一项操作。以学生选课为例建立协助图,如图 4-12 所示。Student(学生)向 RegisterforCoursesForm(注册课程表单)发送 create schedule(创建课程计划)消息,RegisterforCoursesForm 向 Registration Controner(注册控制器)发送 get course offerings(获得课程提供)消息,Registration Controner 向 CourseCatalogSystem(课程目录系统)发送 get course offerings 消息,CourseCatalogSystem 向 CourseCatalog(课程目录)发送 get course offerings 消息,RegisterforCoursesForm 向自身发送 display course offerings(显示课程提供)和 display blank schedule(显示空白课程计划)消息。

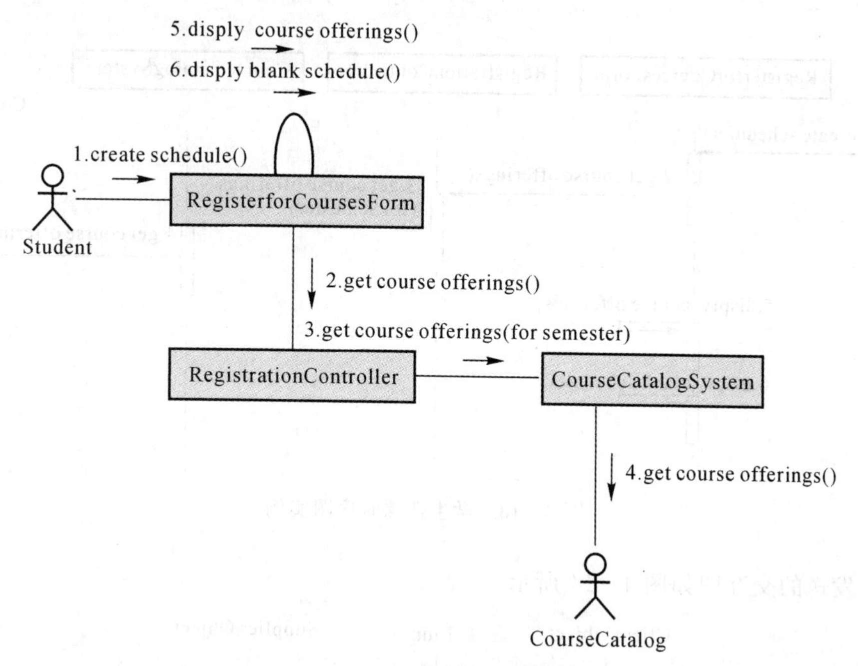

图 4－12　学生选课协作图实例

(2)时序图。与协作图不同,时序图强调的是时间顺序的交互,时序图在描述系统中类与类之间的交互时,将这些交互建模成消息交换,也就是说,时序图描绘的是类和类之间相互交互以及完成期望行为的消息。建立步骤:用例的每一个事件流都会产生一个对象间的交互图,它描述每一个对象是如何通过合作来完成这个事件流的。第一步,将已经识别的参与对象加到时序图中。可以按照一个简单的模式来安排对象:角色(actor),边界对象(boundary),控制对象(control),实体(entity)。每一个用例是由一个角色触发的,在角色和用例之间有一个边界对象。同样地,在边界对象和实体对象之间会有一个控制对象作为联系中介,最后是用例中用到的一些实体对象。第二步,从角色开始分析,寻找交互行为。对象通过调用方法来交互,这种交互被称为“消息”。一个对象向另一个对象发出消息,调用方法的实现是在接受方的对象中,另外,每一个消息都是按照它调用的方法来命名的。第三步,验证消息序列。从最后一个序列开始反着进行,不断地询问是否每一个对象都拥有要它提供服务所需的信息。学生选课时序图实例如图 4－13 所示。

时序图包括以下元素:角色类、生命线、激活期和消息。

1)角色类。角色类代表协作图中对象交互时所扮演的角色。和协作图中的角色类相似。

2)生命线。生命线代表时序图中对象在一段时期内的存在,对应上图中的虚线,对象之间的消息存在于两条虚线间。

3)激活期。激活期代表时序图中的对象执行一项操作的时期。对应于上图生命线的窄的矩形。

4)消息。消息是定义交互和协作中交换信息的类,用于对实体的通信内容建模。信息用于在实体间传递信息,允许实体请求其他的服务,角色类通过发送和接收信息进行通信。

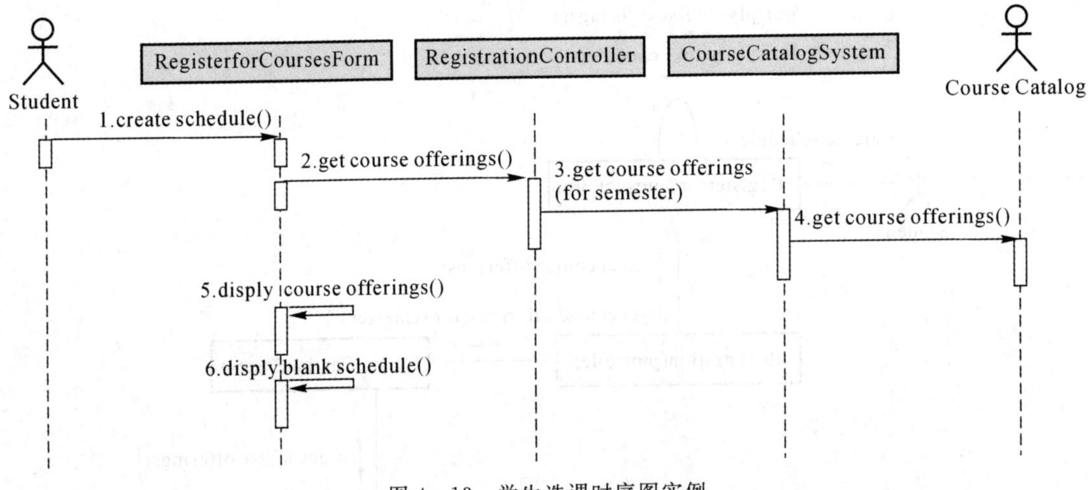

图 4-13　学生选课时序图实例

消息发送的交互图如图 4-14 所示。

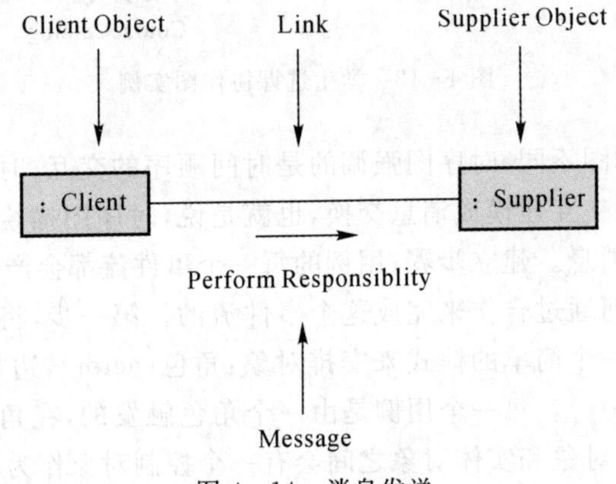

图 4-14　消息发送

协作图中发送的消息是消息提供者 Supplier 类的一个方法，所以上面交互图对应的类图如图 4-15 所示。

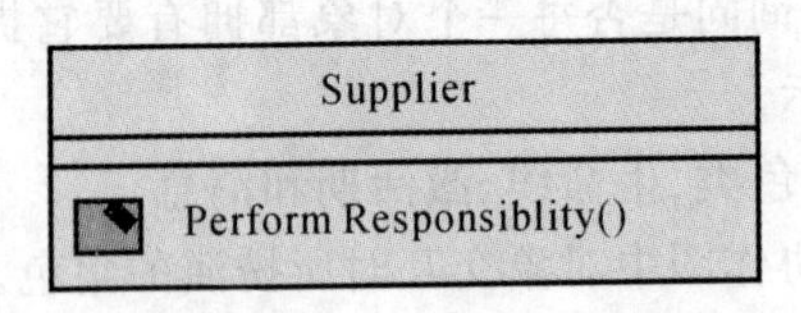

图 4-15　消息接收类

3. 定义类

分析模型中还需要定义类图，用来描述对象交互时要用到的类的方法及其与其他类的关系。

以下以研究生教学管理系统为例，定义系统的类。

(1)寻找边界类。一对角色和用例之间就存在着一个边界类，如图 4-16 所示。

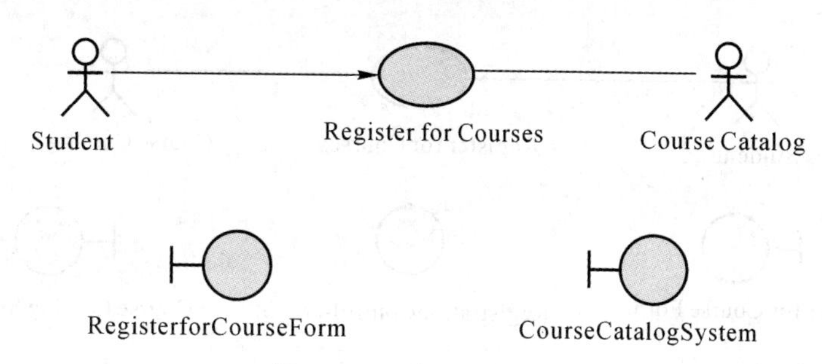

图 4-16　学生注册课程

Student 和 RegisterforCourses 存在边界类 RegisterforCourseForm，Cousecatalog 和 RegisterforCourses 存在边界类 CourseCatalogSystem。

边界类分为用户接口类和系统设备接口类。用户接口类关注于向用户展示的信息，而不关注用户界面的细节，系统设备接口类关注于哪些协议必须被定义，而不是这些协议如何去实现。

(2)寻找实体类。使用用例的事件流作为输入关键的抽象用例。传统的、过滤名词的方法：强调名词从句在用例的事件流，删除冗余的候选类，删除模糊的候选类，删除角色（范围），移除实现构造，删除属性。

根据以上原则得出实体类如图 4-17 所示。

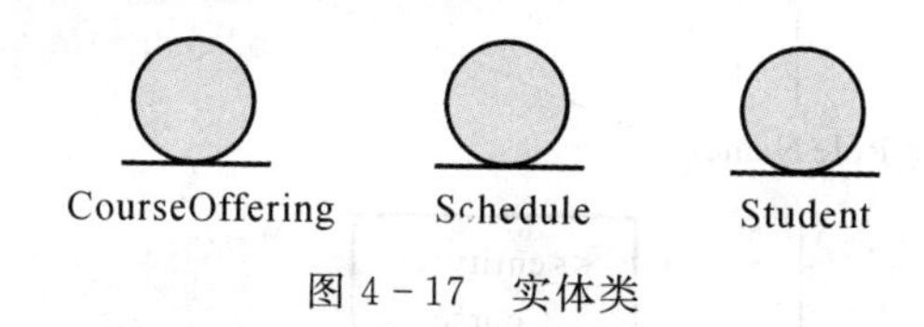

图 4-17　实体类

(3)寻找控制类。一般的，一个用例就会构成一个控制类。再进一步分析，一个复杂用例的控制类会演化成为多个类。如图 4-18 所示。

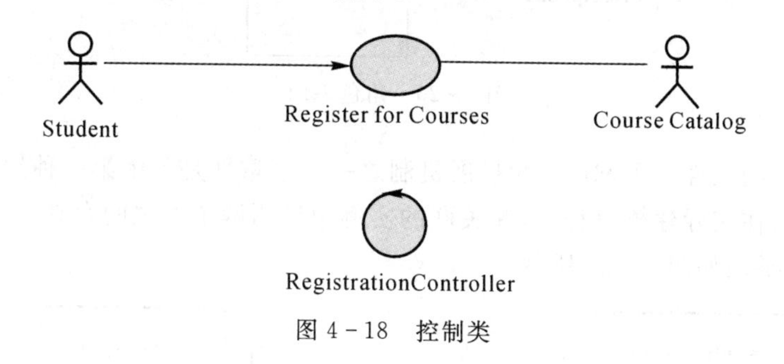

图 4-18　控制类

分析类如图 4-19 所示。

4. 关联关系

关联是一种结构关系，它指明一个事物对象与另一个事物对象间的关系。也就是说，如果两事物间存在着联系，这些事物的类间必定存在着关联关系。除了关联的基本形式外，还有四种应用于关联的修饰，它们分别是角色、多重性、聚集和组合。

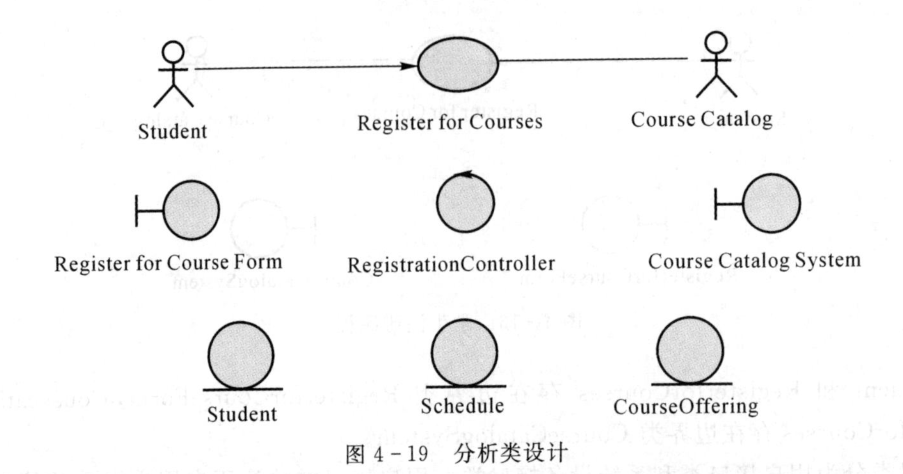

图 4-19　分析类设计

(1)角色。当一个类处于关联的某一端时,该类就在这个关系中扮演一个特定的角色。具体来说,角色就是关联关系中一个类对另一个类所表现的职责。关系如图 4-20 所示。

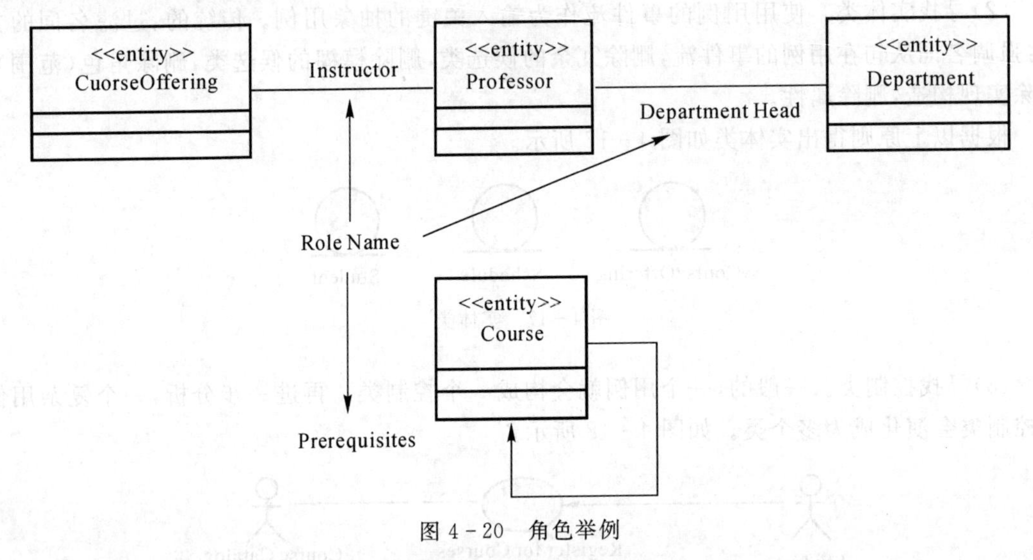

图 4-20　角色举例

(2)多重性。约束性是 UML 三大扩展机制之一。多重性是其中第一种约束,也是目前使用最广泛的约束,在实际建模过程中,在关联的实例中说明两个类之间存在多个相互连接是很重要的。多重性举例如图 4-21 所示。

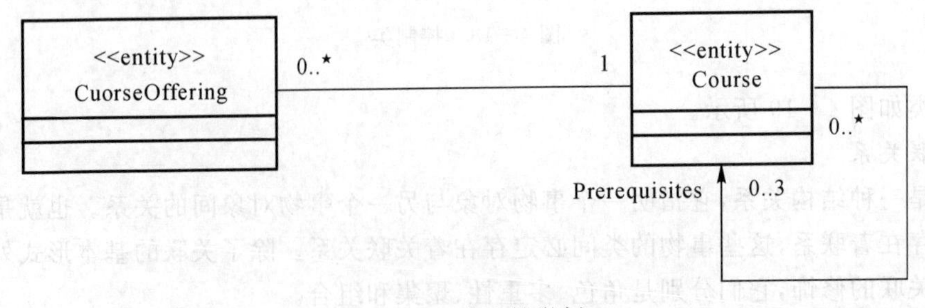

图 4-21　多重性举例

以研究生教学管理系统为例，类之间的关系如图 4－22 所示。

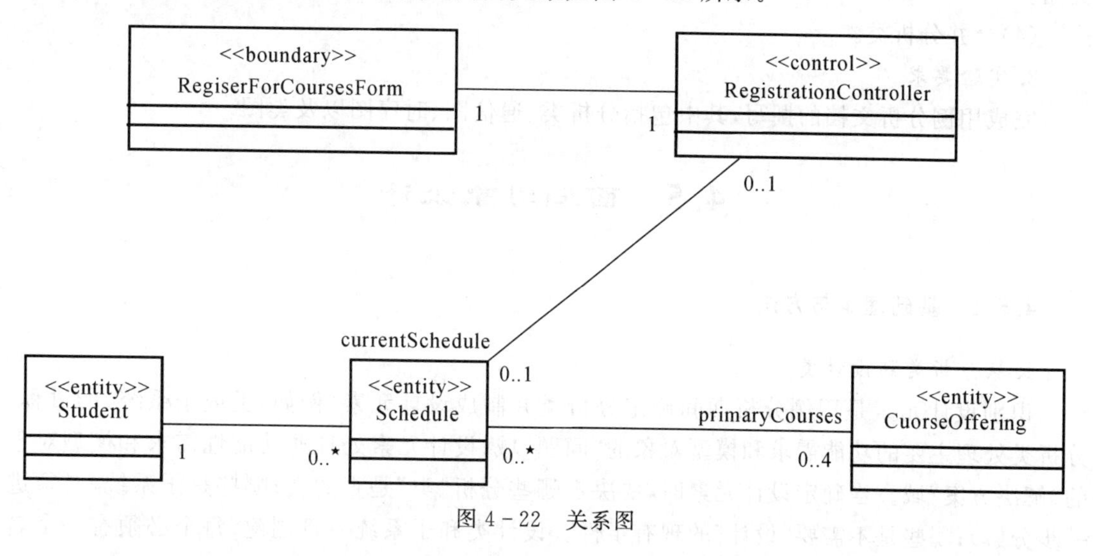

图 4－22　关系图

(3)聚集。聚集关系是一种特殊的关联关系，它表示类之间的关系是整体与部分的关系。但这种整体/部分关系较弱，也称为"has－a"关系。聚集关系如图 4－23 所示。

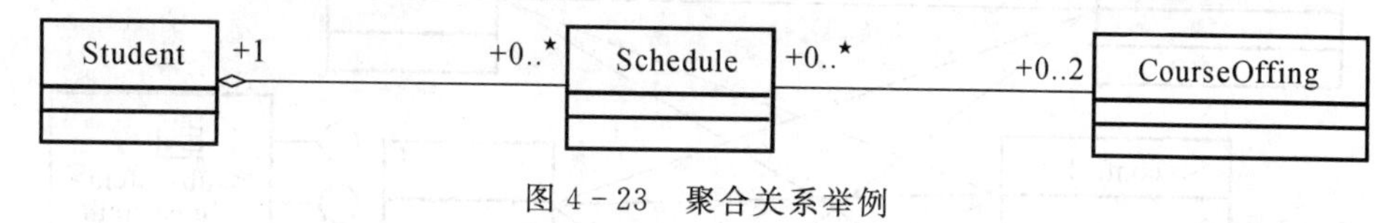

图 4－23　聚合关系举例

(4)组合。组(Composition)表示的也是类之间的整体与部分的关系，也称为"Contains－a"关系。但组合关系中的整体与部分具有同样的生存期。也就是说，组合是一种特殊形式的强类型的聚集。组合关系如图 4－24 所示。该图表示书由若干章组成。

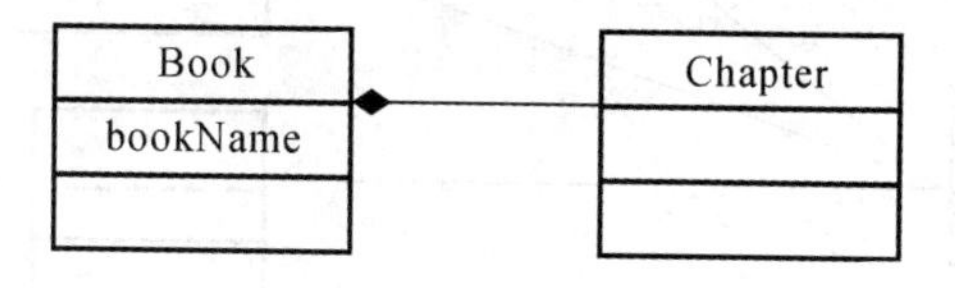

图 4－24　组合关系举例

4.4.2　面向对象分析实验

1. 实验目标

(1)掌握面向对象分析基本方法。

(2)掌握利用 rose 工具绘制通信图、时序图、类图。

(3)学习撰写用例分析文档。

2. 实验内容

(1)对所设计的用例进行分析，定义分析类，其中包含边界类、控制类与实体类。

(2)描述对象之间的交互，分配用例职责给分析类，描述职责，绘制通信图与时序图。

(3)描述类及其之间的关系，根据定义的分析类及通信图或时序图绘制出分析阶段的类图。

(4)合并分析类。

3. 实验要求

完成用例分析文档的撰写，其中包括分析类、通信图、时序图以及类图。

4.5 面向对象设计

4.5.1 基础理论与方法

1. 从分析类到设计类

识别设计元素是用例分析期间确定分析类并制成设计元素(例如，类或子系统)的过程。分析类处理主要的功能需求和模型对象的“问题”域；设计元素处理非功能性需求和模型对象的“解决方案”域。当确定设计元素时，要决定哪些分析“类”是真的类；哪些是子系统(必须进一步分解)；哪些是不需要“设计”的现有组件。设计类和子系统一旦创建，每个必须有一个名称和一个简短的描述。分析类与设计类之间的映射关系如图 4-25 所示。

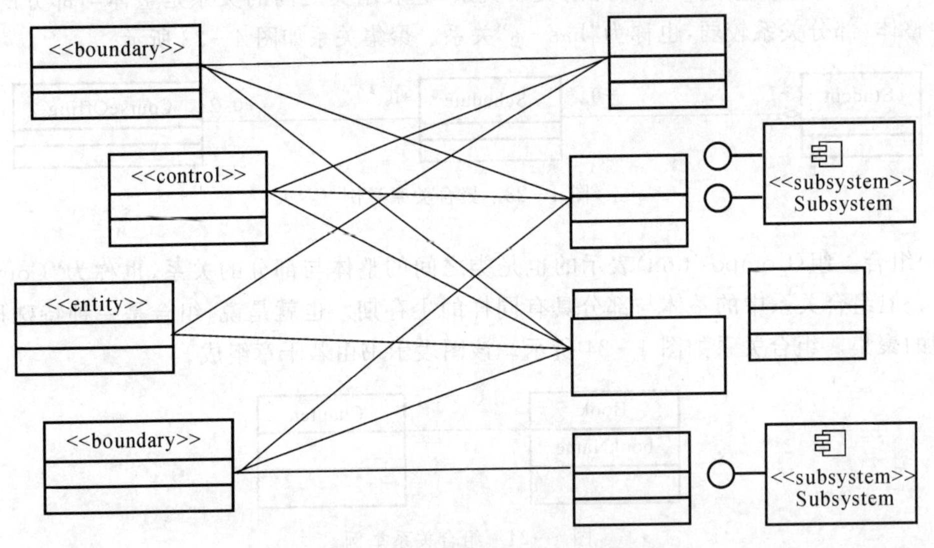

图 4-25 分析类设计类的多对多映射

2. 包的设计

包(Package)是一种对模型元素进行成组组织的通用机制。包用于定义一个名字空间或容器(Container)，它本身是 UML 的一种模型元素。运用包可以把语义上相近、可能一起变更的模型元素组织在同一个包里，把包中的元素作为一个整体对待，并且控制它们的可视性和访问。包内元素的可访问性如图 4-26 所示。

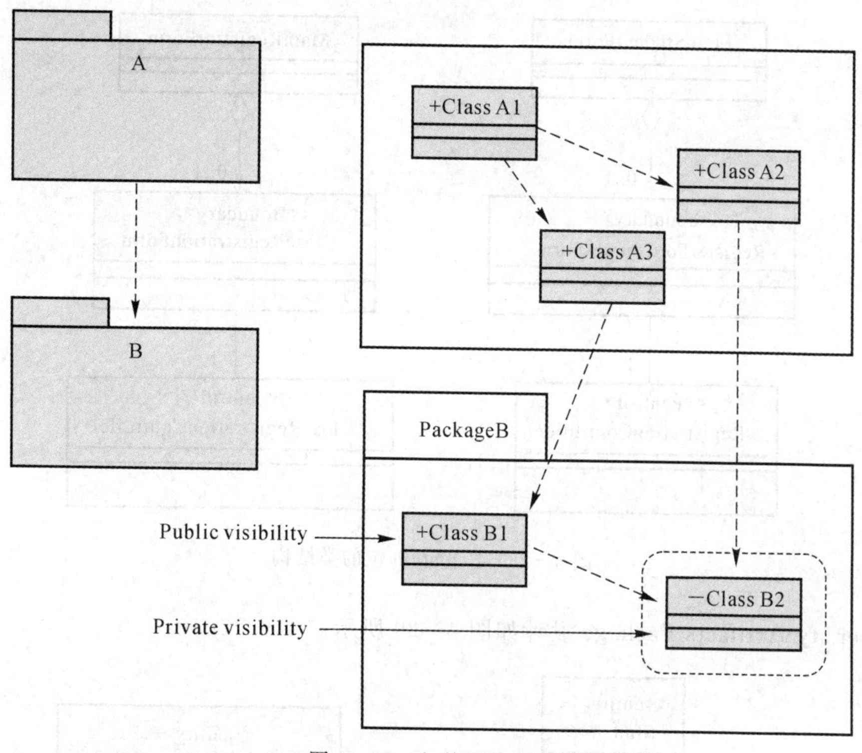

图4-26　包的可访问性

包不应该交叉依赖，低层的包不应该依赖上层的包，且一般来说，依赖关系不应该跳层。如图4-27所示。

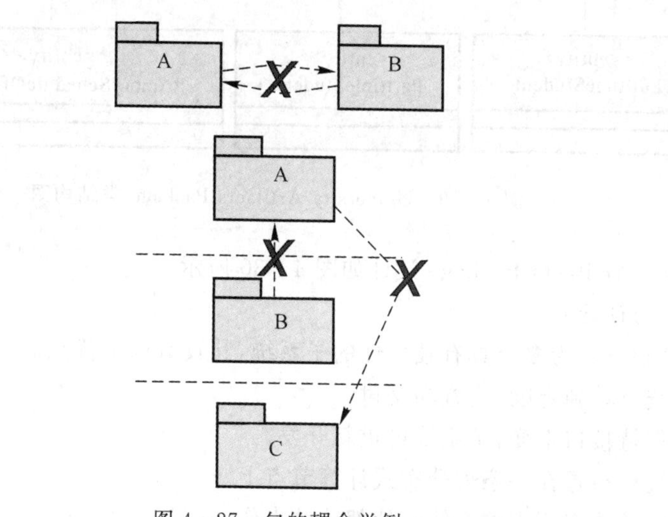

图4-27　包的耦合举例

在教学管理系统中，Registration Package 设计如图4-28所示。

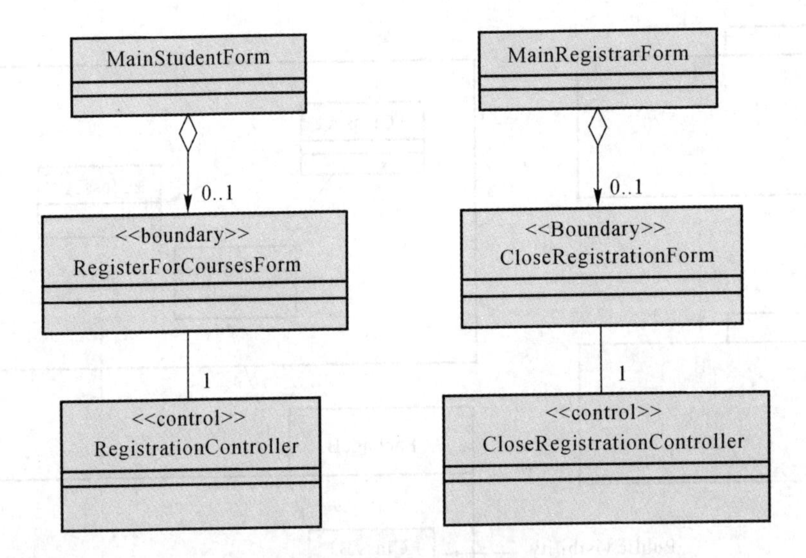

图 4-28 Registion 包的类结构

University Artifacts Package 设计如图 4-29 所示。

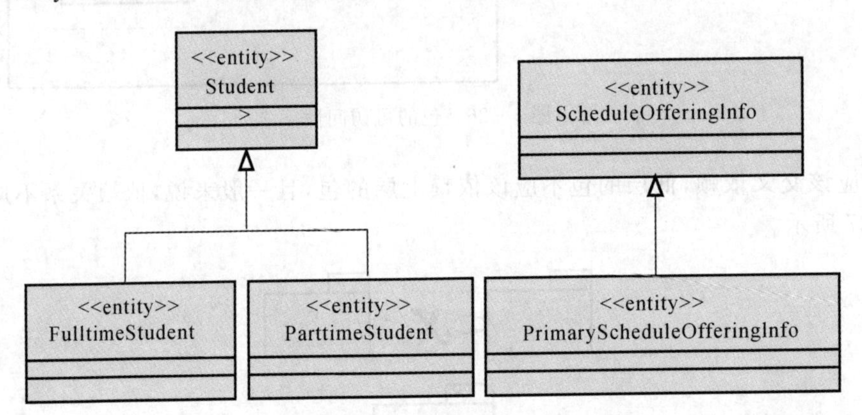

图 4-29 University Artifacts Package 类结构图

University Artifacts Package 设计如图 4-30 所示。

3. 子系统的设计

将系统分解设计为多个具有独立性的子系统，其具有以下优点。

(1)子系统可单独定购、配置和交付。

(2)只要保持接口不变，子系统可重新开发。

(3)子系统可布置在一条列分布式计算节点上。

(4)子系统的改变不影响系统它他部分的工作。

此外，子系统还可提供对关键资源的受限安全访问，也可以表示一些已有的产品。

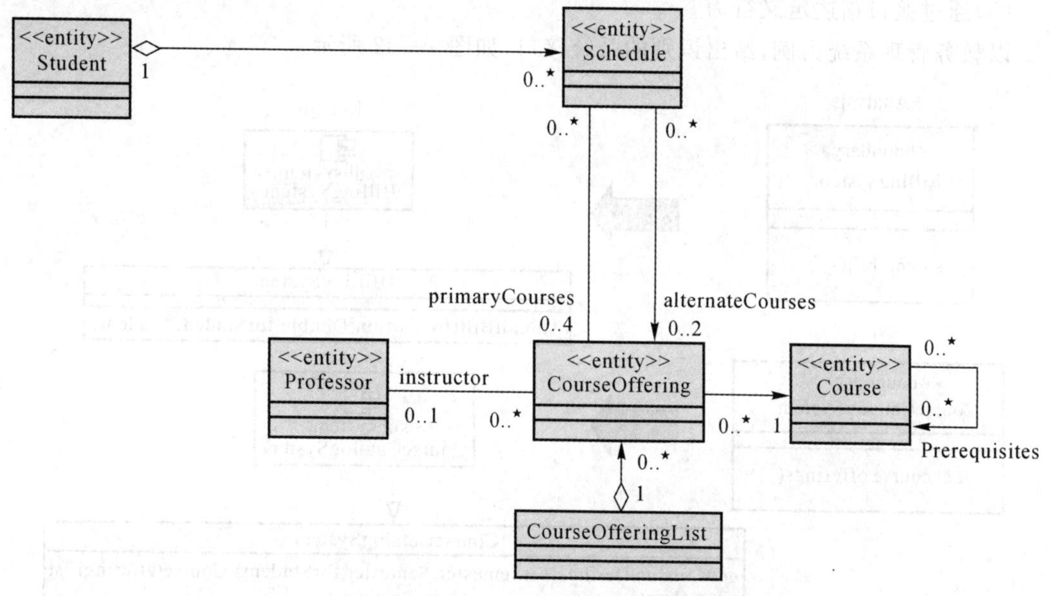

图 4－30　University Artifacts Package 关联结构类图

识别子系统的方法如图 4－31 所示。

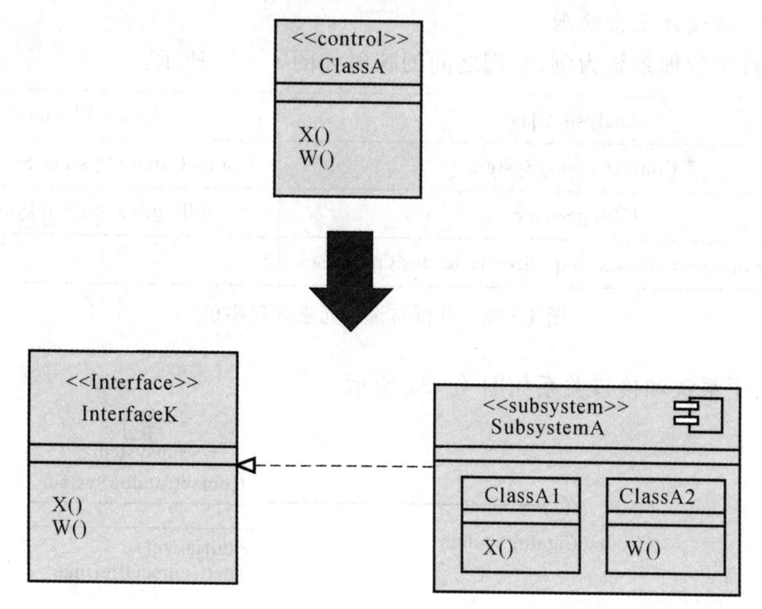

图 4－31　识别子系统举例

识别子系统接口的步骤：

(1)针对每一个子系统，识别一系列候选接口。

(2)寻找接口之间的相似性。

(3)定义接口依赖关系。

(4)映射接口到子系统。

(5)通过接口描述定义行为。

以教务管理系统为例,给出识别的系统接口,如图 4-32 所示。

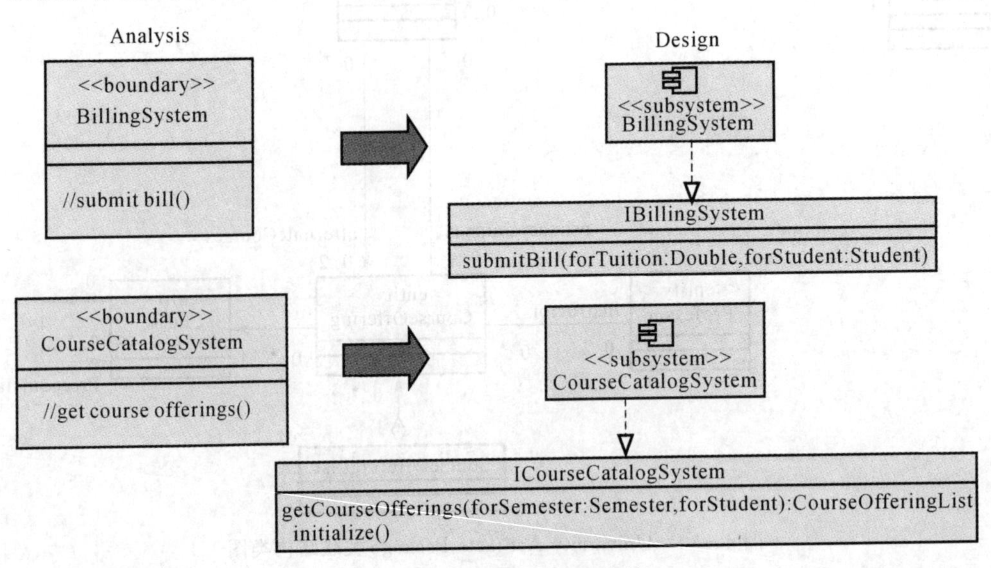

图 4-32 识别系统接口举例

4.分析元素与设计元素映射

以研究生教学管理系统为例,它们之间的映射如图 4-33 所示。

Analysis Class	Design Element
CourseCatalogSystem	CourseCatalogSystem Subsystem
BillingSystem	BillingSystem Subsystem
All other analysis classes map directly to design classes	

图 4-33 分析与设计元素映射举例

建模惯例:子系统和接口关系如图 4-34 所示。

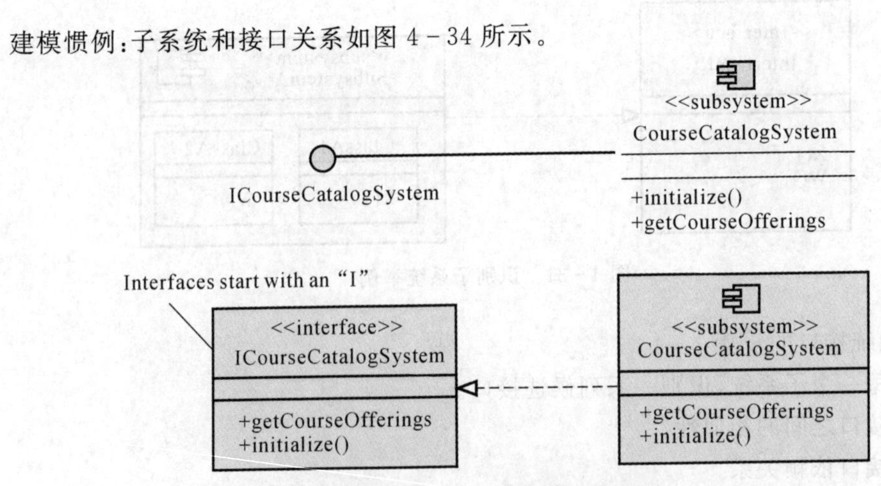

图 4-34 子系统和接口举例

子系统 CourseCatalogSystem 结构如图 4－35 所示。

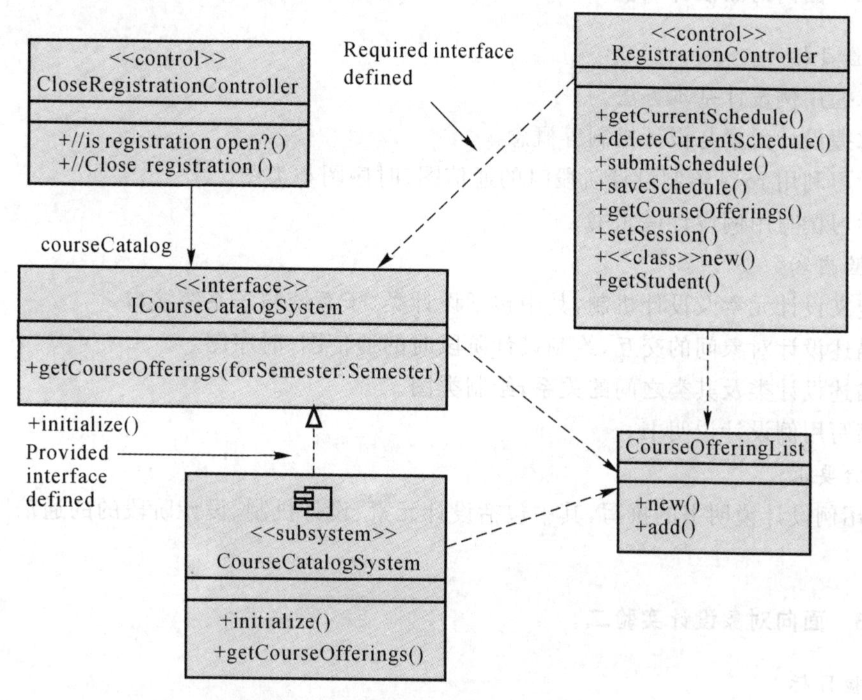

图 4－35　CourseCatalogSystem 结构

子系统 Billing System 结构如图 4－36 所示。

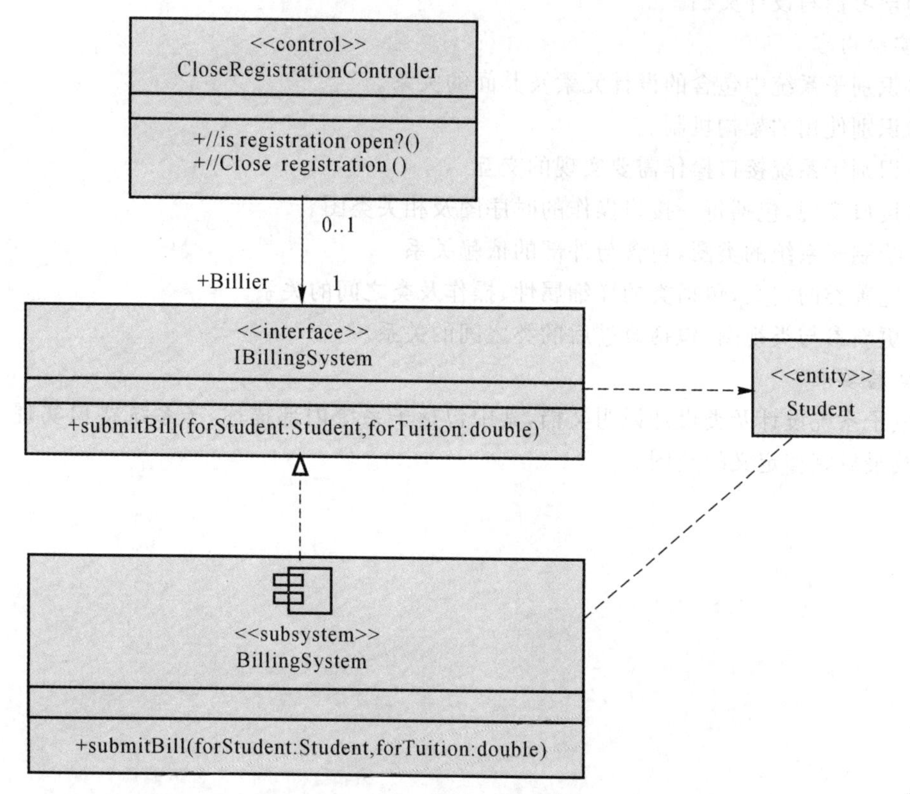

图 4－36　Billing System 结构

4.5.2 面向对象设计实验一

1. 实验目标

(1)掌握用例设计基本方法。

(2)掌握设计元素与设计机制等概念。

(3)学习利用 rose 绘制设计阶段时的通信图、时序图与类图。

(4)学习撰写用例设计说明书。

2. 实验内容

(1)定义设计元素及设计机制,其中包括设计类、子系统与子系统接口。

(2)描述设计对象间的交互,绘制设计阶段时的通信图、时序图。

(3)描述设计类及其类之间的关系,绘制类图。

(4)撰写用例设计说明书。

3. 实验要求

完成用例设计说明书的撰写,其中包括设计元素、设计机制、设计阶段的的通信图、时序图与类图。

4.5.3 面向对象设计实验二

1. 实验目标

(1)掌握子系统设计基本方法。

(2)掌握类设计基本方法。

(3)学习撰写设计文档。

2. 实验内容

(1)识别子系统中包含的设计元素及其间的关系。

(2)识别使用的架构机制。

(3)识别子系统接口操作需要实现的交互。

(4)接口实现,包括每一接口操作的时序图及相关类图。

(5)绘制子系统的类图,包含与外部的依赖关系。

(6)完善类的定义,包括类的详细属性、操作及类之间的关系。

(7)更新参与类视图,包括改进后的类之间的关系。

3. 实验要求

完成子系统设计及类设计说明文档,其中包括子系统内部描述,子系统接口实现,子系统类图以及最后完整定义的类图。

第5章 软件编码与实现

5.1 软件编码与实现概述

5.1.1 基础理论与方法

1. 编码任务

编码是将详细设计的结果用某种程序设计语言来实现。作为软件工程的一个阶段，编码是对设计进一步的具体化，因此，程序的质量主要取决于软件设计质量。为使软件开发达到预定目标，要求软件开发人员完成以下主要任务：将详细设计阶段完成的程序设计说明使用选定的程序设计语言书写并保证模块的接口与设计说明一致。

虽然程序质量主要取决于软件设计质量，但程序设计语言的特性和编码的方法、风格也会对软件的可靠性、可读性、可测试性、可维护性产生深远的影响。

2. 程序设计语言的分类

目前，用于软件开发的程序设计语言已经有数百种之多，现在主要介绍常用的两种语言：C语言和C++语言。

(1)C语言。C语言是1973年由美国Bell室的Ritchie研制成功的。它是国际上广泛流行的很有发展前途的计算机高级语言。它除了具有结构化语言的特征，如语言功能丰富，表达能力强，控制结构与数据结构完备，使用灵活方便，有丰富的运算符和数据类型外，显著优点是可移植性好，编译质量高，目标程序效率高。C语言的这些特点使它不仅能写出效率高的应用软件，也适用于编写操作系统、编译程序等系统软件。

(2)C++语言。C++语言近几年来发展比较迅速，它是从C语言进化而来的，保留了C语言的特征，同时又融合了面向对象的能力。C++增加了数据抽象、继承、封装、多态性、消息传递性等概念实现的机制，又与C语言兼容，使得它成为一种灵活、高效、可移植的面向对象语言。

3. 程序设计语言特性

在程序设计前要充分了解程序设计语言的特性，这对成功、高效地开发软件有重大的作用。以下从3个方面介绍程序设计语言的特性。

(1)工程特性。从软件工程的观点出发，程序设计语言的特性着重考虑软件开发项目的需要。对程序编码有下述要求。

1)可移植性。可移植性是指程序从一个计算机环境移植到另一个计算机环境的容易程度。一般来说，程序设计要尽量避免直接对硬件的操作和结构的扩充，要使用标准的程序设计语言和数据库操作。对程序中各种与硬件、操作系统有关的信息，应使用参数化的方法，以提高其通用性。

2)开发工具的可利用性。可利用性是指软件开发工具在缩短编码时间、改进源代码的质量方面的能力。目前,许多编程语言都有一套集成的软件开发环境。这些开发工具为源程序代码的编写提供各种库函数、交互式调试器、报表格式定义工具、图形开发环境、宏处理程序等。

3)软件的可重用性。可重用性是指编程语言提供可重复使用的软件成分的能力,如模块化的程序可通过源代码剪贴、使用继承方式实现软件重用。提供软件可重用性的程序设计语言可以大大提高源程序的利用率。

4)可维护性。可维护性是指将详细设计转变为源程序的能力和对源程序进行维护的方便性。为了提高软件的可维护性,可以通过以下几方面进行实现。

a.合理的程序结构。合理的程序结构不仅有利于软件的维护工作,同时也是团队集体创作的前提。

b.程序控制的数据化。仅改变程序中的数据从而达到实现对程序控制的修改目的,以避免对控制代码的修改而引发的错误。

c.实用的注释。对程序代码进行注释,是对编程思想进行阐述的有效手段。规范的注释可以降低开发人员对源程序的理解难度,提高对程序的维护效率。

d.编写必要的技术说明和文档。必要的文档、技术说明、使用手册等一系列文字资料是增强软件可维护性的必然要求。

e.采用自适应构件。

(2)技术特性。在确定软件需求之后,所选择的语言技术特性对软件工程的其余阶段有着一定的影响,另外,要根据项目的特点选择相应的语言,如有的要求实时处理能力强,有的要求对数据库进行操作,有的要求能对硬件进行操作。一般在软件设计阶段的设计质量与语言的影响关系不大(面向对象设计除外),但在编码阶段,质量往往受语言特点的影响,甚至可能会影响到设计阶段的质量。如面向对象的语言可以提供抽象类、继承等方法,而Java语言会提供关于网络设计方面的很多工具,汇编语言可以直接对机器硬件进行操作。当选择了一种语言后,就会影响到对概要设计和详细设计的实现。语言的特性对于软件的测试与维护也有一定的影响,结构化语言有利于降低程序环路的复杂性,使程序易测试、易维护。

4.软件编码规范

程序实际上也是一种供人阅读的文章,程序也应具有良好的风格。编程风格是编写程序时要遵守的一些规则。在衡量程序质量时,源程序代码的逻辑简明、易读、易懂是好程序的一个重要标准,为了做到这一点,应注意下述5个方面。

(1)源程序文档化。

1)标示符尽量具有对应含义。合理地为变量起有意义的变量名,方便他人阅读程序时理解各变量含义。

2)程序应加注释。正确的注释能够帮他人理解程序,可为后续阶段进行测试和维护提供明确的指导。一些正规的程序文本中,注释行的数量占到整个源程序的1/3～1/2,甚至更多。

a.序言性注释。通常置于每个程序模块的开头部分,用来简要描述模块的整体功能、主要算法、接口特点、重要数据含义以及开发经历等。

b.功能性注释。嵌在源程序体中,用来描述程序段或者语句的处理功能。注释不仅是解释程序代码,还提供一些必要的附加说明。

(2)数据说明。虽然在设计阶段数据结构的组织和复杂程度已经确定了,但还需要注意建立数据说明的风格。为了使数据更容易理解和维护,数据说明应该遵守以下一些简单的原则。

1)数据说明的次序应当规范化。

2)当一个语句声明多个变量名时,应当对这些变量名按字母的顺序排列。

3)如果设计了一个复杂的数据结构,应当使用注释来说明在程序实现时这个数据结构的固有特点。

(3)语句构造。在设计阶段确定了软件的逻辑流结构,但构造单个语句则是编码阶段的任务。语句构造应力求简单、直接,不能为了片面追求效率而使语句复杂化。应该尽量做到以下几方面。

1)一行内只写一条语句,并且采取适当的移行,使程序的逻辑和功能变得更加明确。

2)避免大量使用循环嵌套语句和条件嵌套语句。

3)利用圆括号使逻辑表达式或算术表达式的运算次序清晰直观。

4)变量说明不要遗漏,变量的类型、长度、存储及初始化要正确。

5)尽可能使用库函数。

(4)输入/输出。输入/输出信息是与用户使用直接相关的。输入/输出的方式应当尽可能方便用户的使用。不论是批处理的输入/输出方式,还是交互式的输入/输出方式,在设计和程序编码时都应考虑以下原则。

1)对所有输入数据都要进行校验,以保证每个数据的有效性,并可以避免用户误输入。

2)检查输入项的各种组合的合理性,必要时报告输入状态信息。

3)使输入的步骤和操作尽可能简单,并保持简单的输入格式。

4)输入一批数据时,使用数据或文件结束标志,不要用计数来控制,更不能要求用户自己指定输入项数或记录数。

5)人机交互式输入时,要详细说明可用的选择范围和边界值。

6)当程序设计语言对输入/输出格式有严格要求时,应保持输入格式与输入语句的要求一致。

5.1.2 实验软件与工具

软件开发工具是辅助和支持其他应用软件研制和维护的工具。其目的是提高软件生产率,改进软件使其质量进一步提高。其中主要的语言开发工具有 Visual C++,Eclipse 等。

1. Visual C++

Visual C++由 Microsoft 开发,它不仅是一个 C++ 编译系统,而且是一个基于 Windows 操作系统的可视化集成开发环境(Integrated Development Environment,IDE)。Visual C++由许多组件组成,包括编辑器、调试器以及程序向导 AppWizard、类向导 Class Wizard 等。

(1)特点。Visual C++以拥有"语法高亮"、自动编译功能以及高级除错功能而著称。比如,它允许用户进行远程调试、单步执行等,还允许用户在调试期间重新编译被修改的代码,而不必重新启动正在调试的程序。具有编译及创建预编译头文件(stdafx.h)、最小重建功能及累加链接(link)等特点。

(2)缺点。C++是由 C 语言发展起来的,也支持 C 语言的编译,但最大的缺点是对于模版的支持比较差。6.0 版本是使用最多的版本，现在最新补丁为 SP6，推荐安装，否则易出现编译时假死状态。仅支持 Windows 操作系统，但与 Windows 7 兼容性不好，安装成功后可能会出现无法打开 cpp 文件的现象。

(3)组成部分。Visual C++由 Developer Studio，MFC，Platform SDK 3 部分组成，现在分别予以介绍。

1)Developer Studio。Developer Studio 是一个集成开发环境，日常工作的 99%都是在它上面完成的。Developer Studio 提供了一个很好的编辑器和很多 Wizard，但实际上它没有任何编译和链接程序的功能。Developer Studio 并不是专门用于 Visual C++的，它也同样用于 VB，VJ，VID 等 Visual Studio 家族的其他同胞兄弟。所以不要把 Developer Studio 当成 Visual C++，它充其量只是 Visual C++的一个壳子而已。

2)MFC。从理论上来讲，MFC 也不是专用于 Visual C++的，Borland C++，C++ Builder 和 Symantec C++同样可以处理 MFC。用 Visual C++编写代码也并不意味着一定要用 MFC，用 Visual C++来编写 SDK 程序或者使用 STL，ATL 一样没有限制。不过，Visual C++本来就是为 MFC 打造的，Visual C++中的许多特征和语言扩展也是为 MFC 而设计的，所以用 Visual C++而不用 MFC 就等于抛弃了 Visual C++中很大的一部分功能。但是，Visual C++也不等于 MFC。

3)PlatformSDK。Platform SDK 才是 Visual C++和整个 Visual Studio 的精华和灵魂，虽然用户很少能直接接触到它。Platform SDK 是以 Microsoft C/C++编译器为核心，配合 MASM，辅以其他一些工具和文档资料。CL，NMAKE 和其他许许多多命令行程序具有编译程序的功能，这些我们看不到的程序才是构成 Visual Studio 的基石。

2.Eclipse

Eclipse 是一个开放源代码的、基于 Java 的可扩展开发平台。它只是一个框架和一组服务，用于通过插件组件构建开发环境。Eclipse 还附带了一个标准的插件集，包括 Java 开发工具(Java Development Tools，JDT)。

(1)插件开发环境。虽然大多数用户将 Eclipse 当作 Java IDE 来使用，但 Eclipse 的目标不仅限于此。Eclipse 还包括插件开发环境(Plug - in Development Environment，PDE)，这个组件主要针对希望扩展 Eclipse 的软件开发人员，因为它允许他们构建与 Eclipse 环境无缝集成的工具。由于 Eclipse 中的每样东西都是插件，对于给 Eclipse 提供插件，以及给用户提供一致和统一的集成开发环境而言，所有工具开发人员都具有同等的发挥场所。

(2)特点。Eclipse 的最大特点是它能接受由 Java 程序开发者自己编写的开放源代码插件，这类似于微软公司的 Visual Studio 和 Sun 微系统公司的 NetBeans 平台。Eclipse 为工具开发商提供了更好的灵活性，使他们能更好地控制自己的软件技术。Eclipse 联盟已经在 2004 年中期发布其 3.0 版软件。这是一款非常受欢迎的 Java 程序开发工具，实际上使用它进行 Java 程序开发的人员是最多的。缺点就是较复杂，对初学者来说，理解起来比较困难。

(3)组成部分。开放源代码的软件开发项目，专注于为高度集成的工具开发提供一个全功能的、具有商业品质的工业平台。它主要由 Eclipse 项目、Eclipse 工具项目和 Eclipse 技术项目 3 个项目组成，具体包括 4 个部分组成——Eclipse Platform，JDT，CDT 和 PDE。JDT 支持 Java 开发，CDT 支持 C 开发，PDE 用来支持插件开发，Eclipse Platform 则是一个开放的可扩展 IDE，提供了一个通用的开发平台。它是提供建造块和构造并运行集成软件开发工具的基础。

(4)Eclipse SDK。Eclipse SDK(软件开发者包)是 Eclipse Platform,JDT 和 PDE 所生产的组件合并,它们可以一次下载。这些部分组合在一起提供了一个具有丰富特性的开发环境,允许开发者有效地建造可以无缝集成到 Eclipse Platform 中的工具。Eclipse SDK 由 Eclipse 项目生产的工具和来自其他开放源代码的第三方软件组合而成。Eclipse 项目生产的软件以 GPL 发布,第三方组件有各自的许可协议。

5.1.3　软件编码与实现实验

1. 实验目标

(1)培养良好的编码风格。

(2)熟悉掌握编码的方法和步骤。

(3)掌握 C 语言或者其他语言编码程序。

(4)掌握软件编码规范与编码标准,并在编码中实施规范的编码标准。

2. 实验内容

(1)根据软件特点,选择相应的程序设计语言和开发环境。

(2)独立完成每个人的编码任务,程序模块要按统一的风格与注释,对程序注释说明,按命名规则定义程序名、变量名等。

(3)用编写的源程序验证实验的正确性。

(4)依据软件编码标准修改代码,形成规范的代码。

3. 实验要求

(1)硬件配置:Intel Pentium 166 或以上级别的 CPU,大于 64MB 的内存,500MB 硬盘空间。

(2)软件要求:Windows 系列操作系统或 Linux 系统程序,Visual Basic 6.0,Visual C++ 6.0,Visual FoxPro 6.0,Elipse 集成开发环境,ASP/PHP/JSP 等任一开发工具。

(3)学会不同的编码标准的应用。

(4)根据编码标准来编写代码。

(5)提交编写好的代码。

5.1.4　软件编码规范示例

(1)代码的对齐和缩进。

1)程序的分界符"{"和"}"应该占一行并且位于同一列,与引用它的内容左对齐。

2)程序块应该采用缩进风格编写,代码缩进级为 4 个空格。

例 1:

```
int Function(int x)
{
    dosomethingA();—————————比"{"缩进四字符
    dosomethingB();
}
```

(2)命名规则。标示符最好采用英文单词或其组合,便于记忆和阅读。切忌使用汉语拼音来命名。程序的英语单词一般不要太复杂,用词应当准确。

例 2:

```
Uint32 CurrentValue;
```

写成

```
Uint32 NowValue;           /*不规范*/
Uint32 DangQianValue;          /*不规范*/
```

(3)代码应使用/*……*/注释,不允许使用"//"单行注释。

例 3:

```
void dosomething(void)
{
//This is a single line coment              /*违反*/
/*……*/                                    /*符合*/
}
```

(4)注释开始符/*和结束符*/必须成对出现,且禁止用嵌套的注释。

例 4:

```
void dosomething(void)
{
/* This is a single line coment
/*  This is a single line coment  */
*/                                   /*违反————嵌套注释*/
}
```

(5)内部标识和外部标识的有效字符不能多于 31 个。

例 5:

```
Signed int temporary_second_signal_variable_1;
/*违反————变量名有效字符超过 31 位*/
```

(6)在同一源文件中,禁止外部变量与局部变量同名,否则在局部变量的作用范围内,外部变量会被屏蔽。

例 6:

```
ABC_global.h
……
extern int32_t a;  /*全局头文件定义外部变量*/
file.c
……
#include"ABC_global.h"
……
Void dosomething(void)
{
     int32_t a;  /*违反————与外部变量同名*/
     a =3;
```

```
}
```

(7)使用 typedef 定义的类型名应当是唯一的,且不能重复定义。

例 7:

```
typedef int mytype;
typedef float mytype;/*违反———— mytype 又被重新定义*/
```

(8)禁止在头文件中定义变量或者函数。

例 8:

```
file.h
signed int dosomething(signed int a);
signed int dosomething(signed int a) /*违反————将函数定义写在了头文件中*/
{
……
}
```

(9)所有自动变量(auto)在使用前都应赋值。

例 9:

```
void dosomething(void)
{
    int32_t a;
    a = 3; /*符合————变量 a 使用前进行了赋值*/
    int32_t b = 4; /*符合————变量 b 定义时进行了赋值*/
    int32_t c;
    a = c; /*违反————变量 c 使用前未进行赋值*/
}
```

5.2　软件代码质量检查

5.2.1　基础理论与方法

在介绍代码检查之前,需要弄清楚软件测试中的静态测试和动态测试。所谓静态测试是指不运行被测试程序,通过其他手段,如检查、审查,达到检测目的。动态测试是指通过运行和使用被测程序,发现软件故障,以达到检测的目的。

代码检查即静态白盒测试,在不执行程序的条件下仔细审查代码(可采用互查、走查等形式),从而找出软件故障。根据经验表明,代码中 65%以上的缺陷可以通过代码检查发现出来。代码检查不仅使修复的时间和费用大幅度降低,而且黑盒测试人员还可以根据审查备注确定存在软件缺陷的特定范围。

1.软件代码质量检查的内容

(1)检查变量的交叉引用表。

(2)检查标号的交叉引用表。

(3)检查子程序、宏、函数。

(4)等价性检查。

(5)标准检查。

(6)风格检查。

(7)选择、激活路径检查。

(8)对照程序的规格说明,详细阅读代码,逐字逐句分析检查。

(9)检查补充文档。

2.软件代码质量检查方式

代码检查包括桌面检查、代码走查和代码审查等方式,主要检查代码和设计的一致性,代码对标准的遵循、可读性,代码逻辑表达的正确性,代码结构的合理性等方面,从而发现违背程序编写标准的问题,程序中不安全、不明确和模糊的部分,找出程序中不可移植的部分和违背程序编程风格的问题,包括变量检查、命名和类型检查、程序逻辑检查、程序语法检查和程序结构检查等内容。

(1)桌面检查方式。桌面检查是一种传统的检查方法,由程序员检查自己编写的程序。程序员在程序通过编译之后对源代码进行分析、检验,并补充相关的文档,目的是发现程序中的错误。

(2)代码走查方式。代码走查是一个开发人员与架构师集中讨论代码的过程。代码走查的目的是交换有关代码是如何书写的思路,并建立一个对代码的标准集体阐述。在代码走查的过程中,开发人员都应该有机会向其他人阐述他们的代码。通常地,即便是简单的代码阐述也会帮助开发人员识别出错误并预想出对以前复杂问题的新的解决办法。

(3)代码审查方式。代码审查是由一组人通过阅读、讨论对程序进行静态分析的过程,以小组会的方式进行。

审查小组一般由若干程序员(包括程序代码的设计者)和代码检查人员组成。会先把设计规格说明书、控制流程图、程序文本以及要求、规范、错误检查清单交给与会者,开会时程序开发者解释程序,其他人则集中精力,捕捉程序在结构、功能、编码风格等方面的问题。

代码审查过程中有4个关键要素:

1)确定问题。进行代码审查的目的就是要找出代码是否存在逻辑上的错误以及是否在代码中引入了没有在设计中指定的包。在代码审查中,参与人员必须树立正确的态度,如果程序员将代码审查视为对其个人的攻击,采取了防范的态度,那么审查过程就不会有效果。因此,软件中存在的错误应被看作是因软件开发的艰难性所固有的而不是编程人员本身的弱点。

2)遵守准则。为了使审查过程有条不紊地进行,在审查前就必须设定一套准则,其中包括审查地点的环境最好不受外界干扰,会议时间最好不超过120min,代码量以及检查代码的速度适中等。这样,审查才能保质保量地完成。

3)提前准备。参与人员必须明确自己的职责和义务。经验表明,审查过程中找出的大部分问题是在准备期间发现的。

4)编写审查报告。审查过程最终必须形成一个书面总结报告及时提交,便于开发小组成员进行修改和改进。

通过审查不但可以及早发现软件缺陷,而且可以在讨论和交流中增进成员间的信任,为程序员之间交流经验、相互学习提供平台。同时,还可以间接促进程序员更加认真仔细地编写和检查代码。

3.软件代码质量检查发现的问题

首先必须对代码的规范进行审查，如嵌套的if语句是否正确缩进，注释是否准确并有意义，是否使用有意义的标号等。在代码检测中，有时出现编写的代码不符合某种标准和规范，虽然这些问题不影响代码正常运行，但是如果程序员能严格遵守一些语言编码标准，如电子电气工程学会(IEEE)提供的程序规范和最佳做法的文档，可以提高代码的可靠性、可移植性和易读性等。代码规范性审查有助于及早发现缺陷，帮助程序员养成良好的编程习惯。另外还要考虑以下几种类型的错误。

(1)数据的引用错误。

1)是否引用了未初始化的变量。

2)数组和字符串的下标是否为整型值，下标是否越界。

3)变量是否被赋予了不同类型的值。

4)是否为引用指针分配内存。

5)一个数据结构是否在多个函数或子程序中引用，在每一个引用中是否明确定义了结构等。

(2)数据定义错误。

1)变量数据类型是否定义错误。

2)变量的精度是否够。

3)是否对不同数据类型进行比较或赋值等。

(3)数据声明错误。

1)变量是否在声明的同时进行了初始化。

2)是否正确初始化并与其类型一致。

3)变量是否都赋予了正确的长度、类型和存储类。

4)变量名是否相似等。

(4)计算错误。

1)计算时是否了解和考虑到编译器对类型或长度不一致的变量的转换规则。

2)计算中是否使用了不同数据类型的变量。

3)除数或模是否可能为零。

4)变量的值是否超过有意义的范围。

5)赋值的目的变量是否小于赋值表达式的值等。

(5)逻辑运算错误。

1)表达式是否存在优先级错误。

2)每一个逻辑表达式是否都正确地表达。

3)逻辑计算是否如期进行。

4)求值次序是否有疑问。

5)逻辑表达式的操作是否为逻辑值等。

(6)控制流程错误。

1)程序中的语句组是否对应。

2)是否存在死循环。

3)对于多分支语句，索引变量是否能超出可能的分支数目。

4)是否存在“丢掉一个”错误,导致意外进入循环等。

(7)子程序参数错误。

1)子程序接收的参数类型和大小与调用代码发送的是否匹配。

2)如果子程序有多个入口点,引用的参数是否与当前入口点没有关系。

3)常量是否被当作形参传递,在子程序中意外改动。

4)子程序是否更改了仅作为输入值的参数。

5)每一个参数的单位是否与相应的形参匹配。

6)如果存在全局变量,在所有引用的子程序中是否有相似的定义和属性等。

(8)输入/输出错误。

1)软件是否严格遵守外设读/写数据的专用格式。

2)软件是否处理外设未连接、不可用,或者读/写过程中存储空间占满等情况。

3)软件是否以预期的方式处理预计的错误。

4)是否检查错误提示信息的准确性、正确性、语法和拼音等。

(9)其他错误。

1)软件是否使用其他外语。

2)是否处理扩展 ASCII 字符。

3)是否需用统一编码取代 ASCII。

4)程序编译是否产生“警告”或者“提示”信息。

5)是否对外部接口采集的数据进行确认。

6)标号和子程序是否符合代码的逻辑意思等。

4.软件质量的评价方法

软件产品与其他所有产品一样,产品的价值取决于产品的质量。在软件产品中,质量的特征是多方面的。一个正确执行了用户指定功能的软件在某种意义上说不一定是质量很高的软件系统。由于软件难以读懂和修改,将会增加软件的维护费用;由于软件的不易使用,任何一个意想不到的误操作都会导致严重的后果;由于软件系统对所实现的计算机系统的依赖性太强,而难以与其他系统集成。因此软件的质量是一个整体的概念,不能单纯追求程序的正确性或效率等一两个特性,而忽略了其他方面的质量特性。

为了保证软件产品的整体质量,在软件开发和管理过程中,应遵循一套完整的质量评价准则,定量地对软件开发各环节的质量进行评价。在软件的质量评价方法中,一般根据以下 8 个方面进行总体评价:

(1)正确性:程序书写满足规范以及完成用户目标的程度。

(2)可靠性:程序在所需精度下完成其功能的期望程度。

(3)效率:软件完成规定的功能所需的资源。

(4)安全性:对未经许可人员接近软件或数据所施加的控制程度。

(5)可使用性:使用人员学习操作软件、准备输入和解释输出所需的努力。

(6)可维护性:需求变更时,更改软件或弥补软件缺陷的容易程度。

(7)灵活性:更改一个操作程序所需的努力。

(8)连接性:与其他系统耦合所需的努力。

5.2.2 实验软件与工具

1. C/C++语言代码检查工具 PC-Lint

PC-Lint 是 GIMPEL SOFTWARE 公司的一个产品。它是一个历史悠久、功能强大的静态代码检测工具，它的使用历史可以追溯到计算机编程的最早时期。经过几十年的发展，它不但能够监测出许多语法逻辑上的隐患，而且也能够有效地帮你提出许多程序在空间利用、运行效率上的改进点。在很多专业级的软件公司，PC-Lint 检查无错误、无警告是代码首先要过的一关。

C/C++语言的灵活性带来了代码效率的提升，但相应带来了代码编写的随意性，另外 C/C++编译器不进行强制类型检查，也带来了代码编写的隐患。PC-Lint 识别并报告 C/C++语言中的编程陷阱和格式缺陷的发生。它进行代码的全局分析，能识别没有被适当检验的数组下标，报告未被初始化的变量，警告使用空指针，冗余的代码等。软件除错是软件项目开发成本增加和开发进度延误的主要因素，PC-Lint 能够帮你在程序动态测试之前发现编码错误，使消除错误的成本更低。使用 PC-Lint 在代码走读和单元测试之前进行检查，可以提前发现程序隐藏错误，提高代码质量，节省测试时间，规范软件人员的编码行为。

(1)PC-Lint 的功能。

1)PC-Lint 是一种静态代码检测工具，不仅可以像普通编译器那样检查出一般的语法错误，还可以检查出那些虽然完全合乎语法要求，但很可能是潜在的、不易发现的错误。

2)PC-Lint 不但可以检测单个文件，也可以从整个项目的角度来检测问题，因为 C/C++语言编译器固有的单个编译，这些问题在编译器环境下很难被检测，而 PC-Lint 在检查当前文件的同时还会检查所有与之相关的文件，对我们有很大的帮助。

3)PC-Lint 支持几乎所有流行的编辑环境和编译器，比如 Borland C++从 1. x 到 5. x 各个版本，Borland C++ Build，GCC，VC，VC. net，watcom C/C++，Source insight，intel C/C++等，也支持 16/32/64 位的平台环境。

4)PC-Lint 支持 ScottMeyes 的名著《Effective C++/More Effective C++》所描述的各种提高效率和防止错误的方法。

(2)PC-Lint 的排错建议。

1)PC-Lint 在代码走读和单元测试之前进行检查，以便提前发现程序隐藏错误，提高代码质量，节省测试时间，规范编码行为。

2)新开发的代码必须使用 PC-Lint 进行检查，修改的代码涉及的文件也需要使用 PC-Lint 进行检查。

3)对于 Warning 及 Warning 级别以上的错误，存在安全的隐患，是一定要解决的。对于确实无法解决，有充分理由证明代码没问题的，可以通过注释的方式进行屏蔽，并在质量文档中进行记录。

4)对于 Info 级别的错误，是对程序优化的建议，要尽量解决，但不强制。

目前业界的一些大公司如微软的代码要确保 PC-Lint 检查无 Warning 才能发布，华为的一些部门采用更为严厉的方式，Info 级别的错误也必须全部消除。

2. LDRA Testbed 代码检查工具

LDRA Testbed 为应用软件的确认和验证提供强大的源代码测试和分析功能，是独特的质量控制工具。它有助于提高计算机软件必需的可靠性、健壮性和尽可能的零缺陷,它的使用带来时间、成本和效率上真实的节省,这些都是无法衡量其价值的。它是强大和完整的集成工具包,使先进的软件分析技术应用在软件开发生命周期的关键阶段。

(1)LDRA Testbed 的功能。

1)提供强大的分析功能,用于两个主要的测试领域:静态分析和动态分析。静态分析:分析代码,并且提供对代码结构的理解。动态分析:利用源代码的插装版本,使用测试数据执行,运行时发现软件缺陷。

2)软件开发和测试过程的成本、效率分析工具。

3)单元、集成和系统测试的理想工具。

4)贯穿于软件开发的整个生命周期。

(2)LDRA Testbed 应用于许多不同的领域。

1)过程改进。

2)软件测试。

3)软件维护。

(3)LDRA Testbed 的优点。

1)改进软件质量。

2)定位软件缺陷。

3)强制执行工业标准。

4)减少维护费用 40%以上。

5)减少开发和测试成本 75%以上。

6)通过自动化过程提高员工动力。

3. PMD 代码检查工具

PMD 是一个代码检查工具,它用于分析 Java 源代码,找出潜在的问题。

(1)PMD 能检查出的潜在问题。

1)潜在的 bug:空的 try/catch/finally/switch 语句。

2)未使用的代码:未使用的局部变量、参数、私有方法等。

3)可选的代码:String/StringBuffer 的滥用。

4)复杂的表达式:不必要的 if 语句、可以使用 while 循环完成的 for 循环。

5)重复的代码:拷贝/粘贴代码意味着拷贝/粘贴 bugs。

(2)PMD 检查工具的特点。

1)与其他分析工具不同的是,PMD 通过静态分析获知代码错误。也就是说,在不运行 Java 程序的情况下报告错误。

2)PMD 附带了许多可以直接使用的规则,利用这些规则可以找出 Java 源程序的许多问题。

3)PMD 已经与 JDeveloper, Eclipse, jEdit, JBuilder, BlueJ, CodeGuide, NetBeans, Sun JavaStudio Enterprise/Creator, IntelliJ IDEA, TextPad, Maven, Ant, Gel, JCreator 以及 Emacs 集成在一起。

4)PMD 规则是可以定制的,可用的规则并不仅限于内置规则。用户可以自己定义规则,检查 Java 代码是否符合某些特定的编码规范。可以通过编写 Java 代码并重新编译 PDM,或者编写 XPath 表达式，针对每个 Java 类的抽象语法树进行处理。

5）只使用 PDM 内置规则，PMD 也可以找到你代码中的一些真正问题。某些问题可能很小，但有些问题则可能很大。PMD 不可能找到每个 bug，你仍然需要做单元测试和接受测试，在查找已知 bug 时，即使是 PMD 也无法替代一个好的调试器。但是，PMD 确实可以帮助你发现未知的问题。

5.2.3　软件代码质量检查实验

1. 实验目标

（1）预防代码中的错误。

（2）发现迄今为止尚未发现的错误。

2. 实验内容

（1）检查代码编写风格——是否遵守《代码编写规范》。

（2）检查代码可读性——代码结构是否清晰、易于理解，变量或函数命名是否存在歧义。

（3）检查注释风格——主要函数的输入、输出项及返回值是否有详细说明，函数内主要分支是否有相应说明。

（4）检查与设计文档一致性——代码实现与设计文档是否一致。

（5）检查代码健壮性——对各个函数或系统 API 调用失败后是否有足够的错误处理，不会引起非法操作；对传入参数及指针变量的检查是否充分，对临时申请的系统资源是否及时回收。

3. 实验要求

（1）硬件配置：Intel Pentium 166 或以上级别的 CPU，大于 64MB 的内存，500MB 硬盘空间。

（2）软件要求：Windows 系列操作系统或 Linux 系统程序，Visual C＋＋ 6.0 或 Elipse 集成开发环境，PC－Lint 或 LDRA Testded 代码检查工具。

（3）学会 PC－Lint 等多种代码检查工具的使用。

（4）能够使用检查工具中检查出有错误的代码。

（5）提交检查好的源代码。

4. 实验模板

代码质量检测报告模板见表5－1。

表5－1　XXX 代码质量检测报告单

<table>
<tr><td colspan="3">产品 & 模块名称：</td><td>版本号：</td></tr>
<tr><td colspan="3">开发工具：</td><td>测试工具：</td></tr>
<tr><td colspan="4">测试人员及测试时间：</td></tr>
<tr><td>序号</td><td>被测程序名称
【源文件名列表】</td><td>源文件实现主要功能</td><td>检测出的问题</td></tr>
<tr><td></td><td></td><td></td><td></td></tr>
</table>

续 表

编译说明：

【编译中使用的环境变量，编译工具，编译中是否引用到该产品的其他编译结果】

测试方案实施情况：

【说明采用的黑盒、白盒、混合等测试方案的实施效果如何，是否达到预期目标】

检测结论：

遗留问题：

备注：

第6章 软件测试

软件测试描述一种用来促进鉴定软件的正确性、完整性、安全性和质量的过程。软件测试的经典定义是在规定的条件下对程序进行操作，以发现程序错误，衡量软件质量，并对其是否能满足设计要求进行评估的过程。软件测试是保证软件质量的关键，它是对需求分析、设计和编码的最终复审。软件测试是有计划、有组织的，是保证软件质量的一种手段，它是软件工程中的一个非常重要的环节。

6.1 软件测试方法

从是否关心软件内部结构和具体实现的角度划分，测试方法主要有白盒测试和黑盒测试。白盒测试方法主要有代码检查法、静态结构分析法、静态质量度量法、逻辑覆盖法、基本路径测试法、域测试、符号测试、路径覆盖和程序变异。黑盒测试方法主要包括等价类划分法、边界值分析法、错误推测法、因果图法、判定表驱动法、正交试验设计法、功能图法、场景法等。

从是否执行程序的角度划分，测试方法又可分为静态测试和动态测试。静态测试包括代码检查、静态结构分析、代码质量度量等。动态测试由 3 部分组成：构造测试实例、执行程序和分析程序的输出结果。

6.1.1 白盒测试

白盒测试也称结构测试或逻辑驱动测试，它是按照程序内部的结构测试程序，通过测试来检测产品内部动作是否按照设计规格说明书的规定正常进行，检验程序中的每条通路是否都能按预定要求正确工作。这一方法是把测试对象看作一个打开的盒子，测试人员依据程序内部逻辑结构相关信息，设计或选择测试用例，对程序中的逻辑路径进行覆盖测试；在程序不同地方设立检查点，检查程序的状态，以确定实际运行状态与预期状态是否一致。

1. 白盒测试要求

(1)保证一个模块中的所有独立路径至少被使用一次。

(2)对所有逻辑值均需测试 true 和 false。

(3)在上下边界及可操作范围内运行所有循环。

(4)检查内部数据结构以确保其有效性。

2. 白盒测试的优缺点

(1)优点：迫使测试人员去仔细思考软件的实现；可以检测代码中的每条分支和路径；揭示隐藏在代码中的错误；对代码的测试比较彻底以及最优化等。

(2)缺点：成本昂贵，无法检测代码中遗漏的路径和数据敏感性错误，不验证规格的正确性等。

6.1.2 黑盒测试

黑盒测试又称为功能测试或数据驱动测试。黑盒测试是在不考虑程序内部逻辑结构和内部特性的情况下测试程序的功能,测试者要在软件的接口处进行测试,它只检查程序功能是否按照规格说明书的规定正常使用,程序是否能接收输入数据而产生正确的输出信息,以及性能是否满足用户的需求,并且保持数据库或外部信息的完整性。黑盒测试可以检测每个功能是否都能正常运行,因此,黑盒测试又可以成为从用户观点和需求出发进行的测试。

通过黑盒测试主要发现以下错误。

(1)是否有不正确或者遗漏的功能。

(2)在接口上,能否正确地接受输入数据,能否产生正确的输出信息。

(3)访问外部信息是否有错。

(4)性能上是否满足要求。

(5)界面是否有错,是否美观、友好。

从理论上讲,黑盒测试只有采用穷举输入测试,把所有可能的输入都作为测试情况考虑,才能查出程序中所有的错误。实际上测试情况有无穷多个,人们不仅要测试所有合法的输入,而且还要对那些不合法但可能的输入进行测试。这样看来,完全测试是不可能的,所以我们要进行有针对性的测试,通过制定测试案例指导测试的实施,保证软件测试有组织、按步骤,以及有计划地进行。黑盒测试行为必须能够加以量化,才能真正保证软件质量,而测试用例就是将测试行为具体量化的方法之一。

6.1.3 灰盒测试

灰盒测试是介于白盒测试与黑盒测试之间的,可以这样理解,灰盒测试关注输出对于输入的正确性,同时也关注内部表现,但这种关注不像白盒测试那样详细、完整,只是通过一些表征性的现象、事件、标志来判断内部的运行状态,有时候输出是正确的,但内部其实已经错误了,这种情况非常多,如果每次都通过白盒测试来操作,效率会很低,因此需要采取这样的一种灰盒测试的方法。

6.1.4 静态测试和动态测试

静态测试是指无须执行被测代码,而是借助专用的软件测试工具评审软件文档或程序,度量程序静态复杂度,检查软件是否符合编程标准,借以发现编写的程序的不足之处,减少错误出现的概率。

静态测试可以由人工进行,充分发挥人的逻辑思维优势,也可以借助软件工具自动进行。代码检查包括代码走查、桌面检查、代码审查等,主要检查代码和设计的一致性,代码对标准的遵循、可读性,代码的逻辑表达的正确性,代码结构的合理性等方面;可以发现违背程序编写标准的问题,程序中不安全、不明确和模糊的部分,找出程序中不可移植部分、违背程序编程风格的问题,包括变量检查、命名和类型审查、程序逻辑审查、程序语法检查和程序结构检查等内容。静态测试大约可以找出25%～60%的逻辑错误。

动态测试是指通过运行被测程序,检查运行结果与预期结果的差异,并分析运行效率和健壮性等性能。目前,动态测试也是软件测试工作的主要方式。

6.2 软件测试过程

软件产品在进行验收测试之前一般要经过单元测试、集成测试、确认测试和系统测试4个阶段。一般最早犯下的错误最晚才能发现,如需求分析阶段犯下的错误到确认阶段才能发现。这也是前面我们强调需求分析重要性的原因。在需求分析阶段多花一分精力,在测试阶段就能节省十倍、百倍的工作量。

6.2.1 单元测试

单元测试的对象是软件设计中的最小单位——模块。按照详细设计的描述设计测试用例,以便对模块内所有重要的控制路径进行检验,以发现模块内部的错误。单元测试多采用白盒测试技术,可以并行地对系统内多个模块进行测试。单元是软件中最小的、可以单独执行编码的单位。

单元测试的目标是检查每个模块是否正确地实现了设计说明中的功能、性能、接口和其他设计约束要求,确保每个单元都被正确地编码。另外,单元测试还需确保代码在结构上可靠、健全,并且能够对各种条件作出正确响应。通过单元测试,可以减少应用级别所需的工作量,减少发生误差的可能性。单元测试需要完成以下一些具体目标。

(1)信息能否正确地流入和流出单元。

(2)单元工作过程中,其内部数据能否保持完整性,包括内部数据的形式、内容及相互关系不发生错误,全局变量在单元中的处理和影响。

(3)控制数据处理的边界能否正确工作。

(4)单元的运行能否满足特定的逻辑覆盖。

(5)对于单元中发生的错误,其出错处理措施是否有效。

单元测试是对单元的功能、性能、接口、局部数据结构、独立路径、错误处理、边界条件和内存使用情况进行测试。对软件单元接口的测试通常是先于其他内容的测试进行的,单元测试的具体内容如下:

1.接口测试

(1)被测单元调用子模块时,传递给子模块的实参个数、类型、量纲和顺序与其形参是否一致。

(2)测试单元被调用时,传递给被测单元的实参与形参的个数、类型、量纲和顺序与其形参是否一致。

(3)调用内部函数的参数个数、类型、量纲、顺序是否正确。

(4)被测单元对全局变量的使用是否与其定义一致。

(5)作为输入值的形式参数是否被修改。

(6)被测单元有多个入口时,是否传递了与当前入口无关的参数。

(7)输入/输出语句是否与输入/输出格式的说明一致。

(8)输入/输出文件属性的正确性。

(9)是否对输入/输出错误进行了检查并进行了正确处理。

(10)是否将常量当变量来传递。

(11)打开和关闭语句是否正确使用。

(12)文件是否先打开后使用。

(13)文件结束条件的判断和处理是否正确。

(14)缓存区容量与记录长度是否匹配。

2.局部数据结构测试

测试单元内部数据内容、格式及相互关系以及它们的完整性。设计测试用例以检查以下错误。

(1)数据类型说明不正确或不一致。

(2)是否存在变量名称拼写错误的情况。

(3)是否存在未赋值的默认值。

(4)是否存在指针越界访问。

(5)是否存在上溢、下溢或地址访问错误。

(6)全局数据对软件单元的影响。

3.独立路径的测试

至少包括一条新的处理语句或一个新的条件的程序路径叫独立路径。在程序流图中,独立路径至少包含一条其他独立路径中没有的边。基本路径是通过对程序流图中的环路复杂度进行分析而导出基本的、可执行的独立路径集合。应该设定适当的测试用例对软件单元中的独立路径进行测试,尤其是对独立路径中的基本路径进行测试。

4.边界条件测试

边界条件测试检查软件单元在边界处的工作是否正常,主要检查以下情况:

(1)检查 n 重循环的第 0 次、第 1 次和第 n 次是否有误。

(2)检查 n 维数组的第 1 个和第 n 个元素是否有误。

(3)在运算或判断中的最大取值与最小取值是否有误。

(4)数据流、控制流或判断条件中刚好小于、等于、大于比较值时是否有误。

5.错误处理测试

错误处理测试主要检查软件单元对执行过程中发生的错误是否进行了有效的处理。优秀的程序设计要求开发人员能够预见到程序运行后可能发生的错误,并作出适当的处理。对错误的处理应该成为单元功能的一部分。如果检查出现以下情况,说明错误处理存在缺陷:

(1)对执行中发生的意外情况没有进行处理或处理不当。

(2)对错误条件的判定不当。

(3)对错误发生的描述难以理解。

(4)对联机条件处理不正确。

(5)错误提示与实际错误不匹配。

(6)对错误的处理意见对用户没有帮助。

(7)对错误的描述信息不足以确定产生错误的位置或原因。

(8)在对错误进行处理前,系统已经对错误进行了干预。

6.功能测试

功能测试要求对设计文档中罗列的软件单元的功能进行逐项测试。

7. 性能测试

性能测试是按照设计文档的要求对软件单元的性能(如精度、时间、容量等)进行测试。

8. 内存使用测试

内存使用测试主要检查内存的使用情况,重点检查动态申请内存是否存在错误(包括指针越界、对空指针赋值、内存泄漏等)。

9. 单元测试环境

在单元测试中常用的两个概念:驱动模块(driver)和桩模块(stub),其关系如图 6－1 所示。

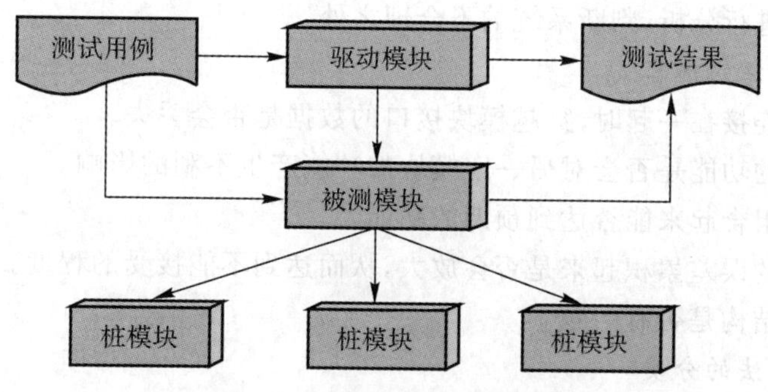

图 6－1　驱动模块和桩模块

驱动模块的作用是用来模拟被测模块的上级调用模块,相当于被测模块的主程序,用它接收测试用例的测试数据,把这些测试数据传送给被测模块,接收被测模块的测试结果并输出。

桩模块用来代替被测模块所调用的子模块。桩模块的作用是为被测模块提供所需要的信息,因此,桩模块越简单越好,不需要模拟子模块的所有功能。

10. 单元测试要点

进行软件单元测试时,要遵循以下要点。

(1)单元测试用例要根据详细设计文档来写,而不能根据代码来写。

(2)单元测试执行前,先要检查单元测试入口条件是否全部满足。

(3)单元测试必须达到一定的覆盖率要求,重要的接口函数必须做单元测试。

(4)维护修改代码后必须针对修改的代码重新编写单元测试用例,并将全部单元测试用例运行一遍,确保修改后的代码没有引入新的错误。

(5)单元测试必须达到预定的出口条件才能终止。

(6)单元测试执行时发现的问题必须全部如实地记录下来。

(7)单元测试完成后需要分析一下发现的问题的种类及其原因,并采取相应的预防措施,避免下次测试时犯同样的错误。

(8)使用自动测试工具所生成的测试用例常常不能对被测单元进行有效的覆盖,而且大多数自动测试工具是依据被测试代码生成测试用例的,如果编码或规范存在错误,则生成的测试代码也会存在问题,所以对自动生成的测试代码必须借助人工监视,必要时还要引入手工测试。

(9)达到规定的语句覆盖率并不是单元测试结束的唯一标准。

6.2.2 集成测试

1. 集成测试的主要内容

集成测试是单元测试的逻辑扩展。集成测试是在单元测试的基础上，测试在将所有的软件单元按照概要设计规格说明的要求组装成模块、子系统或系统的过程中，各部分工作是否达到或实现相应技术指标及要求的活动。

集成测试并非是所有的代码编译通过，而是所有的模块、子系统能够正常运转，重点是接口。集成测试一般采用的方法是数据驱动或者桩驱动，不看产品表象，而是监控产品的数据流，通过对数据流进行分析，判断系统的不合理之处。

2. 集成测试关注的内容

(1)把各部分连接在一起时，穿越模块接口的数据是否会丢失。

(2)一个模块的功能是否会对另一个模块的功能产生不利的影响。

(3)各子功能组合起来能否达到预期的功能。

(4)单个模块的误差累积起来是否会放大，从而达到不能接受的程度。

(5)全局数据结构是否有问题。

3. 集成测试方法的分类

根据模块组成程序时的两种不同的方法，集成测试方法可以分为以下两类。

(1)非渐增式测试。非渐增式测试是先分别测试每个模块，再把所有模块按设计要求放在一起结合成所要的程序。由于程序中不可避免地存在涉及模块间接口、全局数据结构等方面的问题，所以一次运行成功的可能性并不大。

(2)渐增式测试。渐增式测试是指把下一个要测试的模块同已经测试好的模块结合起来进行测试，测试完以后再把下一个应该测试的模块结合进来测试。这种方法同时完成单元测试和集成测试。

根据组装方法的不同，渐增式测试可以分为自顶向下集成、自底向上集成、混合式测试及重点测试。

1)自顶向下集成。将模块按系统程序结构，沿控制层次自顶向下进行集成。由于这种增值方式在测试过程中较早地验证了主要的控制点和判断点，在一个功能划分合理的程序结构中，验证常出现在最高的层次，较早就能遇到。如果主要控制有问题，尽早发现它能够减少以后的修改。

自顶向下集成测试的步骤：

a. 以主控制模块作为驱动模块，所有直接属于主控制模块的模块用桩模块代替，对主模块进行测试。

b. 根据选定的结合策略，每次用一个实际模块替换一个根模块，对新结合进来的模块的直接下属模块，用新的桩模块代替。

c. 对结合进来的模块进行相应的测试。

d. 为了保证新加入的模块不引进新的错误，可以进行回归测试，即重复之前已进行的部分测试或全部测试。

e. 重复执行步骤 b,c,d，每重复一次，增加一个模块，直至构造起整个软件结构为止。

2)自底向上集成。从程序结构的最底层模块开始组装和测试。因为模块是自底向上进行组装，对于一个给定层次的模块，它的子模块已经组装并测试完成，所以不再需要桩模块。在模块的测试过程中需要从子模块得到的信息可以直接运行子模块得到。

自底向上集成测试的步骤：

a.把最底层模块组合成某一特定软件功能的族，由驱动器模块控制它并进行测试。

b.用实际模块代替驱动器，与它已经测试的直属子模块集成为子系统。

c.按模块结构向上集成并为子系统配备新驱动模块，进行新的测试。

d.重复执行步骤b,c，直至整个程序构造完毕。

3)混合式测试。自顶向下和自底向上集成各有优缺点，因此，我们将这两种测试策略结合起来，即对于上层模块采用自顶向下的方法，而对于下层模块采用自底向上的方法，我们称这种测试方法为混合式测试。

两种方法的优缺点对比：

(1)由于渐增式的测试方法是利用已测试过的模块作为部分测试软件，因此编写测试软件的工作量比较小。而非渐增式方法分别测试每个模块，需要编写的测试软件通常比较多，所需工作量较大。

(2)渐增式测试可以较早发现模块间的接口错误。非渐增式测试最后才把模块组装在一起，因此接口错误发现较晚。

(3)如果发现错误，渐增式测试方法较易查找错误原因。因为如果发生错误往往和最近加进来的那个模块有关。而非渐增式测试一下子把所有模块组合在一起，如果发现错误很难确诊。

(4)渐增式测试方法中已测试好的模块可以在新的条件下受到新的检验，使程序的测试更彻底。

(5)由于测试每个模块时所有已经测试完的模块也要跟着一起运行，因此，渐增式测试需要较多的机器时间。

(6)使用非渐增式测试方法可以并行测试所有模块，因此，能充分利用人力，工程进度可以加快。

4.集成测试过程(见表6-1)

表6-1 集成测试过程表

过 程	输 入	输 出
制订集成测试计划	设计模型、集成构建计划	集成测试计划
设计集成测试	集成测试计划、设计模型	集成测试用例、测试过程
实施集成测试	集成测试用例、测试过程、工作版本	测试脚本、测试过程、驱动程序或稳定桩
执行集成测试	测试脚本、工作版本	测试结果
评估集成测试	集成测试计划、测试结果	测试评估摘要

(1)集成测试的步骤。

1)确定子系统由哪些模块组成，保证这些模块都进行过单元测试。

2)由开发人员组装这些模块，生成一个子系统，并保证在此子系统中，各个模块的功能尽可能地发挥出来。

3)测试前要设计测试用例,一个关键的模块要围绕核心展开,以功能和性能为两条主线并要注意模块间的接口。

4)搭建必要的测试环境,按照所写测试用例进行模块连接的充分测试。

5)记录测试结果,总结测试问题。

(2)集成测试的检查点见表6-2。

表6-2 集成测试检查点

测试阶段	集成测试	测试时间	
用例设计人员		测试优先级	
本次测试计划描述	按照集成测试计划和模块优先级进行模块集成测试,根据需求,首先进行内存管理和队列两个模块的集成测试		
测试方式	人工,QTP	测试人员	
测试结果方式	文档	主管人员	

(3)集成测试的接口测试用例见表6-3。

表6-3 集成测试的接口测试用例表

测试项	测试内容	测试方法和步骤	测试判断准则	测试结果
检查模块间的接口	模块间的接口没有错误	操作、看测试结果	没有错误	
	模块间的接口有错误	操作、看测试结果	有错误	
功能达到的预期效果	观察功能是否达到预期效果	调用桩模块	达到预期效果	
	几个子功能组合起来能不能实现主功能	调用桩模块	能实现主功能	
	模块相互调用时有没有引入新的问题	检查、观察	没有引入新的问题	
	计算的误差累计是否达到不能接受的程度	检查、观察	没有达到不能接受的程度	
	模块组合能否正常工作	检查、观察	能正常工作	

(4)集成的测试用例及结果模板见表6-4。

表6-4 集成测试用例

用例名称		用例编号	AutoTC-08271
用例设计者		测试优先级	高
对应需求编号	C-08271	设计日期	
测试人员		测试日期	

续表

测试描述	描述测试用例的功能		
用例目的	测试用例的目的		
注			
序号	输入动作	期望输出	实际结果
1			
2			
结论		审阅人	

(5)执行测试。集成测试主要是集成功能测试,功能测试的参照是概要设计中功能的划分,在系统集成后,来测试这些功能是否根据设计而得到实现。若系统有对外的接口则在集成测试阶段仍需进行接口测试,否则可以省去,系统内部的接口由单元测试来执行。

(6)生成集成测试相关报告。根据测试的结果,生成集成测试缺陷报告及集成测试阶段测试报告,并更新测试日志及测试通知单,将测试通知单交由开发人员进行修改,之后再进行回测。

6.2.3 确认测试

确认测试又称有效性测试,通常使用黑盒测试法,任务是验证软件的功能和性能及其他特性是否与用户的要求一致。对软件的功能和性能要求在软件需求规格说明书中已经明确规定。它包含的信息就是软件确认测试的基础。

1.进行有效性测试

有效性测试是在模拟的环境(可能就是开发的环境)下,运用黑盒测试的方法,验证被测软件是否满足需求规格说明书列出的需求。首先制订测试计划,规定要做测试的种类。还需要制订一组测试步骤,描述具体的测试用例。通过实施预定的测试计划和测试步骤,确定软件的特性是否与需求相符,所有的文档是否正确且便于使用。同时,对其他软件需求,例如可移植性、兼容性、出错自动恢复、可维护性等,也都要进行测试。

在全部软件测试的测试用例运行完后,所有的测试结果可以分为以下两类。

(1)测试结果与预期的结果相符。这说明软件的这部分功能或性能特征与需求规格说明书相符合,从而这部分程序被接受。

(2)测试结果与预期的结果不符。这说明软件的这部分功能或性能特征与需求规格说明书不一致,因此要为它提交一份问题报告。

2.软件配置审查

确认测试的一个重要环节是审查软件配置,目的是保证软件配置的所有成分都齐全,各方面的质量都符合要求,具有维护阶段所必需的细节和已经编排好分类的目录。

应当严格遵守用户手册和操作手册中规定的使用步骤,以便检查这些文档资料的完整性和正确性。

6.2.4 系统测试

系统测试是对已经集成好的软件系统进行彻底的测试，以验证软件系统的正确性和性能等满足其规约所指定的要求。

系统测试应该按照测试计划进行，其输入、输出和其他动态运行行为应该与软件规约进行对比，同时测试软件的强壮性和易用性。如果软件规约(即软件的设计说明书、软件需求说明书等文档)不完备，系统测试更多的是依赖测试人员的工作经验和判断，这样的测试是不充分的。

系统测试主要包括功能测试、界面测试、可靠性测试、易用性测试、性能测试。系统测试的目的在于通过与系统的需求定义作比较，发现软件与系统的定义不符合或与之矛盾的地方。

6.2.5 性能测试

1.性能测试应用领域

性能测试属于软件系统级测试，其最终目的是验证用户的性能需求是否达到，在这个目标下，性能测试还有以下作用。

(1)判定软件是否满足预期的性能要求。

(2)根据测试结果判定软件的性能表现。

(3)查找系统可能存在的性能问题，对一些存在性能问题的系统，找出瓶颈并加以解决。

(4)发现一些应用程序在功能实现方面的缺陷。

(5)为用户部署系统提供性能参考。

通过分析性能测试的种种目标，总结出性能测试主要应用在以下几个领域中，现在分别予以介绍。

(1)系统的性能瓶颈定位。系统的性能瓶颈定位是性能测试最常见的应用领域。借助LoadRunner等工具，可以在测试场景运行过程中监控系统资源、Web服务器资源等运行数据，与响应时间进行同步分析，可以在一定程度上进行性能瓶颈的分析与定位。

(2)系统的参数配置。通过性能测试可以测试系统在不同参数配置下的性能表现，进而找出令系统表现更优的系统配置参数，为应用系统投产提供最佳配置建议。

实际上，操作系统、数据库、中间件服务器等的参数配置是应用系统发生性能问题的重要原因。

(3)发现一些算法方面的缺陷。一些多线程、同步并发算法在单用户模式下的测试是很难发现问题的，只有通过模拟多用户的并发操作，才能验证其运行是否正常、稳定。

(4)系统的验收测试。系统验收测试经常会验证一些预期的性能指标，或者验证系统中一些事务指标是否符合用户期望，这时就需要借助性能测试来完成验证工作。

随着用户对性能的重视，现在性能测试几乎是系统验收测试中必不可少的内容之一。用户甚至要自己进行专门的性能测试来验证系统的性能，以保证运行时的性能稳定。因此，性能测试在用户验收测试中越来越重要。

(5)系统容量规划。通过总结系统在不同硬件环境下的性能表现，可以为系统部署提供非常好的参考。对于一些性能要求较高的系统，性能测试可以为硬件规划提供很好的参考数据，使用户在购买硬件时“有据可依”。

(6)产品评估/选型。产品评估/选型是性能测试的又一应用领域。通过性能测试,可以对产品的软硬件性能进行更全面的评估,选出更适合自己的产品类型。

2. 性能测试方法

(1)压力测试。对系统不断施加压力的测试,是通过确定一个系统的瓶颈或不能接收用户请求的性能点,来获得系统能提供的最大服务级别的测试。压力测试的目的是发现在什么条件下系统的性能变得不可接受,并对应用程序施加越来越大的负载,直到发现应用程序性能下降的拐点。

(2)负载测试。对系统不断增加压力或增加一定压力下的持续时间,直到系统的一些性能指标达到极限。负载测试和压力测试有些类似,通常把负载测试描述成一种特定类型的压力测试。压力测试侧重压力大小,而负载测试往往强调压力持续的时间。

(3)强度测试。强度测试主要是为了检查程序对异常情况的抵抗能力,它总是迫使系统在异常的资源配置下运行。强度测试对测试系统的稳定性,以及系统未来的扩展空间均具有重要的意义。在这种异常条件下进行的测试更容易发现系统是否稳定以及性能方面是否容易扩展。

(4)并发测试。并发测试主要指测试当多个用户同时访问一个应用程序、同一个模块或数据记录时是否存在死锁或其他性能问题,几乎所有的性能测试都会涉及并发测试。

(5)大数据量测试。大数据量测试分为两种:一种是针对某些系统存储、传输、统计查询等业务进行大数据量的测试,另一种是与并发测试相结合的极限状态下的综合数据测试。

(6)配置测试。配置测试主要指通过测试找到系统各项资源的最优分配原则,它是系统调优的重要依据。例如,可以通过不停地调整 Oracle 的内存参数来进行测试,使其达到一个较好的性能。

(7)可靠性测试。在给系统加载一定业务压力的情况下,使系统运行一段时间,以此检测系统是否稳定。例如,可以施加让 CPU 资源保持 70%～90%使用率的压力,连续对系统施加 8 小时,然后根据结果分析系统是否稳定。

(8)可恢复性测试。测试系统能否快速地从错误状态恢复到正常状态。比如,在一个配有负载均衡的系统中,主机承受了压力无法正常工作后,备份机是否能够快速地接管负载。可恢复测试通常结合压力测试一起来做。

3. 性能测试流程

一个好的性能测试过程模型对提高性能测试质量是很有帮助的,现在介绍一下行业普遍使用的性能测试过程模型 GAME(A)。

GAME(A)性能测试过程模型包括以下几个阶段。

(1)G:Goal, 目标。

(2)A:Analysis,分析。

(3)M:Metrics,度量。

(4)E: Execution,执行。

(5)(A):Adjust,调整。E 执行失败后才进入 A 阶段,并且设计的大多是有关开发和系统管理工作,因此 A 设为隐式。

性能测试过程模型 GAME(A)如图 6-2 所示。

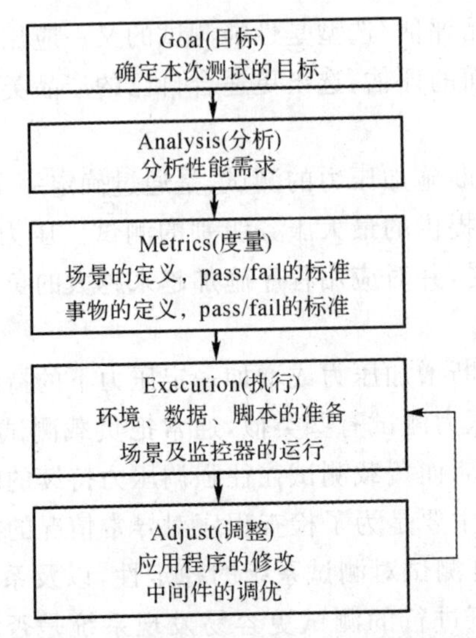

图 6-2 性能测试过程模型 GAME(A)

(1)目标(Goal)。制订一个明确而详细的测试目标是性能测试开始的第一步，也是性能测试成功的关键。

本步骤的开始时间:需求获取阶段。

本步骤的输入:性能需求意向。

本步骤的输出:明确的性能测试目标和性能测试策略。

常规的性能测试目标有以下几种。

1)度量最终用户响应时间。

2)定义最优的硬件配置。

3)检查可靠性。

4)查看硬件或软件升级。

5)确定瓶颈。

6)度量系统容量。

(2)分析(Analysis)。

本步骤开始时间:需求分析阶段和性能测试启动阶段。

本步骤的输入:性能需求。

本步骤的输出:达成一致的性能指标列表、性能测试案例文档。

1)分析性能需求。最后得出的性能测试指标标准至少要包含测试环境、业务规则、期望响应时间等。

2)分析系统架构。对硬件和软件组件、系统配置以及典型的使用模型有一个透彻的了解。结合性能测试指标标准,生成性能测试用例。

(3)度量(Metrics)。

本步骤开始时间:性能测试设计阶段。

本步骤的输入:细化的性能指标和性能测试案例。

本步骤的输出:和工具相关的场景度量、交易度量、监控器度量和虚拟用户度量等。

度量是非常重要的一步,它把性能测试本身量化。这个量化的过程因测试工具的不同而异。

(4)执行(Execution)。

本步骤开始时间:软件测试执行阶段。

本步骤的输入:场景、交易、虚拟用户等设置信息。

本步骤的输出:测试报告。

执行测试包含两个工作。

1)准备测试环境、数据和脚本。

2)运行场景和监控性能。

(5)调整(Adjust)。

本步骤开始时间:第一轮性能测试结束后,而且没有通过的条件下。

本步骤的输入:测试报告和测试结果数据。

本步骤的输出:性能问题解决方案。

调整包含两个意思:应用程序修改和中间件调优。

6.3 软件测试工具

软件测试工具是通过一些工具能够使软件的一些简单问题直观地显示在读者的面前,这样能使测试人员更好地找出软件错误的所在。软件测试工具分为自动化软件测试工具和测试管理工具。软件测试工具存在的价值是为了提高测试效率,用软件来代替一些人工输入。测试管理工具是为了复用测试用例,提高软件测试的价值。一个好的软件测试工具和测试管理工具结合起来使用将会使软件测试效率大大提高。

软件测试工具分为多种:

开源测试管理工具:Bugfree,Bugzilla,TestLink,mantis zentaopms。

开源功能自动化测试工具:Watir,Selenium[1],MaxQ,WebInject。

开源性能自动化测试工具:Jmeter,OpenSTA,DBMonster,TPTEST,Web Application Load Simulator。

其他测试工具与框架还有 Rational Functional Tester,Borland Silk 系列工具,WinRunner,Robot 等。

国内免费软件测试工具有:AutoRunner 和 TestCenter。

1. WinRunner

WinRunner 最主要的功能是自动重复执行某一固定的测试过程,它以脚本的形式记录下手工测试的一系列操作,在环境相同的情况下重放,检查其在相同的环境中有无异常的现象或与实际结果不符的地方。可以减少由于人为因素造成结果错误,同时也可以节省测试人员测试时间。功能模块主要包括 GUI map、检查点、TSL 脚本编程、批量测试、数据驱动等几部分。

2. LoadRunner

LoadRunner 是一种预测系统行为和性能的工业标准级负载测试工具。通过模拟上千万用户实施并发负载及实时性能监测的方式来确认和查找问题。LoadRunner 能够对整个企业架构进行测试。通过使用 LoadRunner ,企业能最大限度地缩短测试时间、优化性能和加速应用系统的发布周期。LoadRunner 是一种适用于各种体系架构的自动负载测试工具,它能预测系统行为并优化系统性能。LoadRunner 的测试对象是整个企业的系统,它通过模拟实际用户的操作行为和实行实时性能监测，来帮助用户更快地查找和发现问题。此外，还能支持广泛的协议和技术，为特殊环境提供特殊的解决方案。

3. SilkTest

SilkTest 是面向 Web 应用、Java 应用和传统的 C/S 应用，进行自动化的功能测试和回归测试的工具。它提供了用于测试的创建和定制的工作流设置、测试计划和管理、直接的数据库访问及校验等功能，使用户能够高效率地进行软件自动化测试。

为提高测试效率，SilkTest 从测试脚本的生成、测试数据的组织、测试过程的自动化、测试结果的分析等方面来提高测试的自动化程度。在测试脚本的生成过程中，SilkTest 通过动态录制技术，录制用户的操作过程，快速生成测试脚本。在测试过程中，SilkTest 还提供了独有的恢复系统(Recovery System)，允许测试在 24×7×365 全天候无人看管条件下运行。在测试过程中一些错误导致被测应用崩溃时，错误可被发现并记录下来，之后，被测应用可以被恢复到它原来的基本状态，以便进行下一个测试用例的测试。

4. Selenium

Selenium 是为正在蓬勃发展的 Web 应用开发的一套完整的测试系统。Selenium 测试直接运行在浏览器中，就像真正的用户在操作一样。它的主要功能包括：测试与浏览器的兼容性——测试你的应用程序看是否能够很好地工作在不同浏览器和操作系统之上。测试系统功能——创建衰退测试检验软件功能和用户需求。支持自动录制动作和自动生成。Selenium 的核心 Selenium Core 基于 JsUnit，完全由 JavaScript 编写，因此可运行于任何支持 JavaScript 的浏览器上，包括 IE，Mozilla Firefox，Chrome，Safari 等。

5. TPT

TPT 是针对嵌入式系统的基于模型的测试工具，特别是针对控制系统的软件功能测试。TPT 支持所有的测试过程，包括测试建模、测试执行、测试评估以及测试报告的生成。

TPT 软件首创地使用分时段测试(Time Partition Testing)，使得控制系统的软件测试技术得以极大提升，同时由于 TPT 软件支持众多业内主流的工具平台和测试环境，能够更好地利用客户已有的投资，实现各种异构环境下的自动化测试，针对 MATLAB/Simulink/Stateflow 以及 TargetLink，TPT 提供了全方位的支持进行模型测试。

TPT 软件是特别针对基于时间以及带反馈的嵌入式系统所开发的测试工具，这些系统往往需要大量的测试用例来保证系统的可靠性。TPT 的设计理念是寻找出大量的测试用例中的相似点和不同点，然后通过对测试用例分割、建模以及组合，减少测试用例中重复的部分，提高测试用例的构建效率和复用度，避免无用的冗余。同时 TPT 软件通过丰富的测试环境平台接口，使得 TPT 构建的测试用例可以在产品开发的不同阶段被充分利用，而不是面临不同的阶段采用不同的测试工具，需要重新构建测试用例的情况。

6.4 软件测试实验

1. 实验目标

掌握对软件系统进行测试的基本方法，训练撰写测试分析报告的能力。

2. 实验内容

对单元测试、集成测试、系统测试分别制订测试计划并实施形成软件测试报告。

3.实验参考

(1)软件测试计划简介。软件项目的测试计划是描述测试目的、范围、方法和软件测试的重点等的文档。若要验证软件产品的可接受程度,编写测试计划文档是一种有用的方式。详细的测试计划可以帮助测试项目组之外的人了解为什么和怎样验证产品。它非常有用但是测试项目组之外的人却很少去读它。软件测试计划作为软件项目计划的子计划,在项目启动初期是必须规划的。在越来越多公司的软件开发中,软件质量日益受到重视,测试过程也从一个相对独立的步骤越来越紧密地嵌套在软件整个生命周期中,这样,如何规划整个项目周期的测试工作,如何将测试工作上升到测试管理的高度都依赖于测试计划的制订。测试计划因此也成为测试工作展开的基础。

《ANSI/IEEE软件测试文档标准829—1983》将测试计划定义为:“一个叙述了预定的测试活动的范围、途径、资源及进度安排的文档。它确认了测试项、被测特征、测试任务、人员安排,以及任何偶发事件的风险。”软件测试计划是指导测试过程的纲领性文件,包含了产品概述、测试策略、测试方法、测试区域、测试配置、测试周期、测试资源、测试交流、风险分析等内容。借助软件测试计划,参与测试的项目成员,尤其是测试管理人员,可以明确测试任务和测试方法,保持测试实施过程的顺畅沟通,跟踪和控制测试进度,应对测试过程中的各种变更。

(2)测试用例简介。测试用例就是一个文档,描述输入、动作或者时间和一个期望的结果,其目的是确定应用程序的某个特性是否正常。

软件测试用例的基本要素包括测试用例编号、测试标题、重要级别、测试输入、操作步骤、预期结果,现在分别予以介绍。

用例编号:测试用例的编号有一定的规则,即项目名称+测试阶段类型(系统测试阶段)+编号。定义测试用例编号,便于查找测试用例,便于测试用例的跟踪。

测试标题:对测试用例的描述,测试用例标题应该清楚表达测试用例的用途。比如“测试用户登录时输入错误密码时,软件的响应情况”。

重要级别:定义测试用例的优先级别,可以笼统地分为“高”和“低”两个级别。一般来说,如果软件需求的优先级为“高”,那么针对该需求的测试用例优先级也为“高”;反之亦然。

测试输入:提供测试执行中的各种输入条件。根据需求中的输入条件,确定测试用例的输入。测试用例的输入对软件需求当中的输入有很大的依赖性,如果软件需求中没有很好地定义需求的输入,那么测试用例设计中会遇到很大的障碍。

操作步骤:提供测试执行过程的步骤。对于复杂的测试用例,测试用例的输入需要分为几个步骤完成,这部分内容在操作步骤中详细列出。

预期结果:提供测试执行的预期结果。预期结果应该根据软件需求中的输出得出。如果在实际测试过程中,得到的实际测试结果与预期结果不符,那么测试不通过;反之则测试通过。

4.实验要求

集成测试需要根据需求分析报告和概要设计制作测试用例。软件测试按照测试计划、需求分析报告的要求进行,最后形成软件测试报告。进行软件系统测试工作时,测试主要包括界面测试、可用性测试、功能测试、稳定性(强度)测试、性能测试、强壮性(恢复)测试、逻辑性测试、破坏性测试、安全性测试等。

5.实验模板

测试计划模板:

测试计划模板

1　引言

1.1 编写目的

本测试计划的具体编写目的,指出预期的读者范围。

1.2 背景

说明:

(1)测试计划所从属的软件系统的名称。

(2)该开发项目的历史,列出用户和执行此项目测试的计算中心,说明在开始执行本测试计划之前必须完成的各项工作。

1.3　定义

列出本文件中用到的专门术语的定义和外文缩写词的原词组。

1.4　参考文献

列出要用到的文献资料:

(1)本项目的经核准的计划任务书或合同、上级机关的批文。

(2)属于本项目其他已发表的文件。

(3)本文件中各处引用的文件、资料,包括所要用到的软件开发标准。列出这些文件的标题、文件编号、发表日期和出版单位,说明这些文件资料的来源。

2　计划

2.1　软件说明

提供一份图表,并逐项说明被测软件的功能、输入和输出等质量指标,作为叙述测试计划的提纲。

2.2　测试内容

列出组装测试和确认测试中的每一项测试内容的名称标识符、这些测试的进度安排以及这些测试的内容和目的,例如模块功能测试、接口正确性测试、数据文卷存取的测试、运行时间的测试、设计约束和极限的测试等。

2.3　测试1(标识符)

给出这项测试内容的参与单位及被测试的部位。

2.3.1　进度安排

给出对这项测试的进度安排,包括进行测试的日期和工作内容(如熟悉环境、培训、准备输入数据等)。

2.3.2　条件

陈述本项测试工作对资源的要求,包括:

(1)设备:所用到的设备类型、数量和预定使用时间;

(2)软件:列出将被用来支持本项测试过程而本身又并不是被测软件的组成部分的软件,如测试驱动程序、测试监控程序、仿真程序、桩模块等等;

(3)人员:列出在测试工作期间预期可由用户和开发任务组提供的工作人员的人数、技术水平及有关的预备知识,包括一些特殊要求,如倒班操作和数据键入人员。

2.3.3 测试资料

列出本项测试所需的文献资料，如：

(1)有关本项任务的文件。

(2)被测试程序及其所在的媒体。

(3)测试的输入和输出举例。

(4)有关控制此项测试的方法、过程的图表。

2.3.4 测试培训

说明或引用资料说明为被测软件的使用提供培训的计划。规定培训的内容、受训的人员及从事培训的工作人员。

2.4 测试2(标识符)

用与本测试计划2.3条相类似的方式说明用于另一项及其后各项测试内容的测试工作计划。

3 测试设计说明

3.1 测试1(标识符)

说明对第一项测试内容的测试设计考虑。

3.1.1 控制

说明本测试的控制方式，如输入方式、控制操作的顺序以及结果的记录方法。

3.1.2 输入

说明本项测试中所使用的输入数据及选择这些输入数据的策略。

3.1.3 输出

说明预期的输出数据，如测试结果及可能产生的中间结果或运行信息。

3.1.4 过程

说明完成此项测试的一个个步骤和控制命令，包括测试的准备、初始化、中间步骤和运行结束方式。

3.2 测试2(标识符)

用与本测试计划3.1条相类似的方式说明第2项及其后各项测试工作的设计考虑。

4 评价准则

4.1 范围

说明所选择的测试用例能够检查的范围及其局限性。

4.2 数据整理

陈述为了把测试数据加工成便于评价的适当形式，使得测试结果可以同已知结果进行比较而要用到的转换处理技术，如手工方式或自动方式；如果是用自动方式整理数据，还要说明为进行处理而要用到的硬件、软件资源。

4.3 尺度

说明用来判断测试工作是否能通过的评价尺度，如合理的输出结果的类型、测试输出结果与预期输出之间的容许偏离范围、允许中断或停机的最大次数。

测试用例模板：

<table>
<tr><td>测试用例编号</td><td colspan="2"></td><td>对应文档编号</td><td></td></tr>
<tr><td>测试项名称</td><td colspan="2"></td><td>类别</td><td></td></tr>
<tr><td colspan="2">测试所用函数(模块)名</td><td colspan="3"></td></tr>
<tr><td colspan="5">测试环境：</td></tr>
<tr><td rowspan="5">用例测试</td><td colspan="4">测试方法和步骤说明：
测试方法：
测试步骤：</td></tr>
<tr><td colspan="4">输入或启动条件：</td></tr>
<tr><td colspan="4">标准结果：</td></tr>
<tr><td colspan="4">测试结果：</td></tr>
<tr><td colspan="4">备注：</td></tr>
<tr><td rowspan="2">时间</td><td rowspan="2" colspan="2"></td><td>测试人</td><td></td></tr>
<tr><td>记录人</td><td></td></tr>
</table>

测试分析报告模板：

测试分析报告模板

1 引言

1.1 编写目的

说明这份测试分析报告的具体编写目的，指出预期的读者范围。

1.2 背景

说明：

(1)被测试软件系统的名称。

(2)该软件的任务提出者、开发者、用户及安装此软件的计算中心，指出测试环境与实际运行环境之间可能存在的差异以及这些差异对测试结果的影响。

1.3 定义

列出本文件中用到的专用术语的定义和外文缩略词的原词组。

1.4 参考文献

列出要用到的文献资料：

(1)本项目的经核准的计划任务书或合同、上级机关的批文。

(2)属于本项目的其他已发表的文件。

(3)本文件中各处引用的文件、资料，包括所要用到的软件开发标准。列出这些文件的标题、文件编号、发表日期和出版单位，说明这些文件资料的来源。

2 测试概要

用表格的形式列出每一项测试的标识符及其测试内容，并指明实际进行的测试工作内容与测试计划中预先设计的内容之间的差别，说明作出这种改变的原因。

3 测试结果及发现

3.1 测试1(标识符)

把本项测试中实际得到的动态输出(包括内部生成数据输出)结果同对于动态输出的要求进行比较，陈述其中的各项发现。

3.2 测试2(标识符)

用类似本报告3.1条的方式给出第2项及其后各项测试内容的测试结果和发现。

4 对软件功能的结论

4.1 功能1(标识符)

4.1.1 能力

简述该项功能，说明为满足此项功能而设计的软件能力以及经过一项或多项测试已证实的能力。

4.1.2 限制

说明测试数据值的范围(包括动态数据和静态数据)，列出就这项功能而言，测试期间在该软件中查出的缺陷、局限性。

4.2 功能2(标识符)

用类似本报告4.1的方式给出第2项及其后各项功能的测试结论。

5　分析摘要

5.1　能力

陈述经测试证实了的本软件的能力。如果所进行的测试是为了验证一项或几项特定性能要求的实现，应提供这方面的测试结果与要求之间的比较，并确定测试环境与实际运行环境之间可能存在的差异对能力的测试所带来的影响。

5.2　缺陷和限制

陈述经测试证实的软件缺陷和限制，说明每项缺陷和限制对软件性能的影响，并说明全部测得的性能缺陷的累积影响和总影响。

5.3　建议

对每项缺陷提出改进建议：

(1)各项修改可采用的修改方法。

(2)各项修改的紧迫程度。

(3)各项修改预计的工作量。

(4)各项修改的负责人。

5.4　评价

说明该项软件的开发是否已达到预定目标，能否交付使用。

6　测试资源消耗

总结测试工作的资源消耗数据，如工作人员的水平、级别、数量，机时消耗等。

参考文献

[1] 陈明.软件工程实用教程.北京:电子工业出版社,2006.

[2] 张海藩.软件工程导论.北京:人民邮电出版社,2006.

[3] 潘孝铭.软件文档编写.北京:高等教育出版社,2004.

[4] 孙家广,刘强.软件工程——理论方法与实践.北京:高等教育出版社,2005.

[5] 钱乐秋,赵文耘,朱军钰.软件工程.北京:清华大学出版社,2004.

[6] 赵池龙,姜义平,张建.软件工程实践教程.北京:电子工业出版社,2007.

[7] 王华,周丽娟,等.软件工程实验与课程指导.北京:电子工业出版社,2008.

[8] 窦万峰,杨坤,等.软件工程方法与实践.北京:机械工业出版社,2013.

[9] 李东生,崔东华,等.软件工程——原理、方法和工具.北京:机械工业出版社,2009.

[10] Hans Van Vciet. Software Engineering－Principles and Practice. Second ed. New York: John Wliey&Sons,2000.

[11] Eric J Braude. Software Engineering－An Object Oriented Perspective. New York: John Wliey&Sons,2001.